走 向 卓 越
——当代项目经理素质成长手册

杨俊杰　李嘉菲　主编

中国建筑工业出版社

图书在版编目（CIP）数据

走向卓越——当代项目经理素质成长手册/杨俊杰，
李嘉菲主编. —北京：中国建筑工业出版社，2015.11
ISBN 978-7-112-18466-8

Ⅰ.①走… Ⅱ.①杨…②李… Ⅲ.①建筑工程-项
目管理 Ⅳ.①TU71

中国版本图书馆 CIP 数据核字（2015）第 223477 号

　　项目经理是项目团队的领导者，项目经理必须在一系列的项目计划、组织和
控制活动中做好领导工作，从而实现项目目标。项目经理是亲临第一线的指挥员，
要随时处理项目运行中发生的各种问题，对施工现场出现的各种问题迅速做出处
理决定。一个优秀的项目经理不但要具备广泛的管理技能和本专业的专业技术与
技能，还要有较强的个人素质，才能顺利实现各种既定的目标，因此目前对项目
经理的素质要求是很高的。本手册将项目经理素质成长的重点一一道来，具有很
强的启发性和指导性，可供项目经理及其团队管理人员学习参考，本书也可作为
企业内部培训的教材。

责任编辑：李春敏　曾　威
责任设计：王国羽
责任校对：张　颖　姜小莲

走向卓越
——当代项目经理素质成长手册
杨俊杰　李嘉菲　主编

*

中国建筑工业出版社出版、发行（北京西郊百万庄）
各地新华书店、建筑书店经销
北京科地亚盟排版公司制版
廊坊市海涛印刷有限公司印刷

*

开本：787×960 毫米　1/16　印张：12¼　字数：205 千字
2015 年 11 月第一版　　2015 年 11 月第一次印刷
定价：**40.00** 元
ISBN 978-7-112-18466-8
（27734）

杨俊杰简介

杨俊杰，高级工程师（教授级）。1935 年 1 月生，河北省沧县人，1946 年加入儿童团、1949 年转入中国新民主主义青年团（共青团前身）、1956 年加入中国共产党。1995 年退休至今。

1959 年毕业于清华大学土木系，获优秀毕业生奖状。曾任清华科技园北京厚德人力资源有限公司工程管理研究中心主任兼首席专家、中国对外承包商会国际工程资深专家、中国工程咨询协会工程项目管理指导委员会专家等。国家注册造价工程师。

1959 年至 1981 年，先后在国防部第五研究院和航天部第七设计研究院工作，曾任技术员、工程师、生产组长（处级）。曾参加编制国防尖端科技 18 年规划（1963—1981），依据型号数据及工艺条件，负责计算厂、所基本建设的研制和产品规划、试验加工工时、厂所人员编制、研制和生产设备、基本建设规划设计、建筑施工安装期限、总投资及各厂所费用、完成该规划的总投资、总工期等。并协助设计研究院领导主管设计生产计划和技术管理等。因业绩出色 1962 年五院授予先进工作者。

1981 年至 1995 年在中国建筑工程总公司海外部、中建驻利比亚经理部、中建驻沙特代表处工作。曾任营业部经理、工程部经理、代表处代表、项目工程师、专家组组长、副总工程师、总工程师（副局级）等职。曾参与国内外百余个工程项目的勘测设计、投标报价、合同谈判、施工管理和工程项目管理。在参加中沙两国合作协议的 EPC/T 特大型工程项目施工中，由于参与工程项目现场管理和协调表现突出以及对中沙建交有一定贡献，1990 年金轮工程公司（总参谋部单位）授奖三等功。

主要著作有：工程项目安全与风险全面管理模板手册、业主方工程项目现场管理模板手册、工程承包项目案例及解析、工程承包项目案例精选及解析、EPC 工程项目总承包项目管理模板及操作实例、国际工程投标报价与工程项目全寿命管理、建筑企业管理与操纵手册、国际工程报价实务、国际工程管理实务、国际工程招标、投标、报价与咨询监理（参考资料）、国际工程索赔实务讲义、FIDIC 合同条件解读与案例应用讲义、工程项目风险全面管理讲义等；参编的有：中华人民共和国招标投标法全书、建筑施工手册（第五分册）、国际工程承包手册、国际工程风险管理研发课题以及清华毕业 50 年践行录（2009 年版）等。

李嘉菲简介

李嘉菲，1973年出生，浙江人，企业管理硕士，国家一级注册建造师，英国CIOB会员。

曾任北京中地建设开发有限公司副总经理。现任广厦国际工程建设有限公司副董事长，盛强马术运动有限公司副董事长。全面参与负责管理该公司在中东地区的能源、地产开发、建设工程等各种项目。同时任中国侨联青年委员会委员，并兼任阿联酋华人华侨联合会妇女委员会副主任。

本人具有九年来海外企业管理工作经历及其丰富经验，涉及海外建筑工程项目承包、国际工程EPC模式类、海内外马术产业投资、海内外能源产业投资等。参与和负责管理阿联酋迪拜皇家跑马场建设工程项目，该项目是中国建筑企业在阿联酋承接的最大单体建筑项目。与海外企业携手，成功将国际赛马赛事引入中国，并已连续举办两届获得巨大成功。所管理的团队曾获集团公司"优秀集体"奖。

社会活动：积极参与和支持海内外多项慈善和公益活动，多次协助驻阿联酋、迪拜使（领）馆、侨联为当地华人华侨举办大型庆典活动。

前　言

为"发展企业经营管理人才评价机构，探索社会化企业经理人资质评价制度"要"建立一支职业经理队伍，逐步实行职业资格制度，加紧研究制定资质标准、证书和市场准入规则"的要求，以利于企业全面、协调、可持续发展，提升项目经理的素养、提高项目经理的业务能力、提高项目经理的创新意识势在必行。

项目经理，从职业角度是指企业建立以项目经理责任制为核心，对项目实行质量、安全、进度、成本管理的责任保证体系和全面提高项目管理水平设立的重要管理岗位。项目经理是为项目的成功策划和执行负总责的人。项目经理是项目团队的领导者，项目经理首要职责是在预算范围内按时优质地领导项目团队完成全部项目合同工作内容并使客户满意。为此项目经理必须在一系列的项目计划、组织和控制活动中做好领导工作，从而实现项目目标。

顾名思义，工程项目经理是指受企业法人代表人委托对工程项目施工过程全面负责的项目管理者，是企业法定代表在工程项目上的代表人。项目经理必须取得建造师执业资格才能上岗。

项目经理是亲临第一线的指挥员，要随时处理项目运行中发生的各种问题，对施工现场出现的各种问题迅速做出处理决定。一个优秀的项目经理不但要自信、奋进、精力充沛和善于沟通，而且还要具备广泛的管理技能和本专业的专业技术与技能，才能顺利实现本项目的各种既定的目标。

项目经理的基本素质				
项目经理应对承接的项目所涉及的专业有一个比较全面化整体化的了解	项目经理要有一定的资金流、财务流知识	项目经理要有一定的与工程相关的法律知识	项目经理应对按合同完成项目建设有必胜的信念，并在实际操作中做到言必行、行必果的一致性	项目经理必须具备学习能力、实践能力、创新能力和可持续发展的能力，以适应全球信息化潮流

　　本手册择项目经理素质成长的重点，一一理顺，娓娓道来，以期满足项目经理及其团队管理人员的参用。

　　本册参用的文献已在主要参考资料中列出，感激并致以敬礼！参加及支持本书稿编写的主要人员有李嘉菲、李清立、卢有杰、高峰、邵丹、陈雯等，在此特致谢意。特别感谢《建造师》编辑部李春敏主编的提谏立意并大力支持出版。

目　　录

```
                                              ┌─────────────────────────────────┐
                                              │ 1.1 工程项目经理要点              │
                                              └─────────────────────────────────┘
                                              ┌─────────────────────────────────┐
                                              │ 1.2 工程项目经理工作流程图       │
                                              └─────────────────────────────────┘
                                              ┌─────────────────────────────────┐
                                              │ 1.3 跨国公司对项目经理的基本要求 │
                                              └─────────────────────────────────┘
                    ┌──────────────────────┐
                    │ 第1章 工程项目经理概论 │
                    └──────────────────────┘  ┌─────────────────────────────────┐
                                              │ 2.1 五十切忌框图                 │
                                              └─────────────────────────────────┘
                                              ┌─────────────────────────────────┐
                                              │ 2.2 当代项目经理五十切忌         │
                                              └─────────────────────────────────┘
                                              ┌─────────────────────────────────┐
                                              │ 2.3 项目经理的人生哲学和经营哲学 │
                                              └─────────────────────────────────┘
                    ┌──────────────────────┐  ┌─────────────────────────────────┐
                    │ 第2章 当代项目经理五十切忌 │  │ 2.4 网络时代的项目经理           │
                    └──────────────────────┘  └─────────────────────────────────┘
                                              ┌─────────────────────────────────┐
                                              │ 2.5 卓越项目经理应当具备的二十项能│
                                              │     力及十鉴                     │
                                              └─────────────────────────────────┘
```

《走向卓越——当代项目经理素质成长手册》内容

第1章 工程项目经理概论
- 1.1 工程项目经理要点
- 1.2 工程项目经理工作流程图
- 1.3 跨国公司对项目经理的基本要求

第2章 当代项目经理五十切忌
- 2.1 五十切忌框图
- 2.2 当代项目经理五十切忌
- 2.3 项目经理的人生哲学和经营哲学
- 2.4 网络时代的项目经理
- 2.5 卓越项目经理应当具备的二十项能力及十鉴

第3章 工程项目经理胜任力模型及测试
- 3.1 胜任力理念简介
- 3.2 国际项目经理的能力体系概述
- 3.3 某集团公司项目经理胜任力测试纲要

第4章 项目经理胜任力案例及国内外相关资料
- 4.1 南方电网双调工程项目经理测评咨询项目建议书
- 4.2 略论大型工程承包项目的管理
- 4.3 工程承包项目项目经理常用的三大技术
- 4.4 项目经理智慧箴言
- 4.5 项目经理六大思维方法
- 4.6 项目经理须知的100项管理法则

第1章 工程项目经理概论

1.1 工程项目经理要点

项目经理是指受企业法定代表人委托或授权，在建设工程项目施工中担任项目经理岗位职务，直接负责工程项目施工的组织实施者，对建设工程项目施工进行全过程、全面负责的项目管理。他是建设工程施工项目的责任主体，是企业法人代表在建设工程项目上的委托代理人。职业项目经理则是指深谙项目管理之道，熟悉项目管理知识体系，具有良好的职业道德，能够熟练运用项目内外各种资源，为实现工程项目目标，以担任项目经理作为职业的受薪人员。

项目经理是项目的管理者、是项目的核心人物和项目成功的关键。当项目的概念已经被熟识和利用的同时，国内外几乎所有相关部门、高层管理者都意识到项目中有关人员的重要性并进行这方面的顶层设计。在工程项目实施中能否圆满地完成项目目标，关键在于项目经理及其团队人员，其程序和技术只不过是协助工作的工具。项目经理是项目团队的领导者，他所肩负的责任重大，是领导团队根据合同条件准时、优质、安全地完成全部工作，在不超出预算的情况下实现项目目标。项目经理的工作即是对项目进行计划、组织、控制并适时的调整，从而为项目团队完成项目目标提供工程项目全面策划、项目全过程领导决策。同时激励项目团队成员兢兢业业的努力，以赢得雇主的信任。从理论和实践高度可以看出，项目经理作为项目的成功策划和执行负总责的人的地位的高尚和担当。

1.1.1 从业要求

完成一个成功的项目，除了能承担以上基本职责外，项目经理还应具备一系列技能。项目经理必须具备的技能包括提出敏锐问题的能力，察觉未声明的假设以及解决人与人之间的冲突，同时还需要更多的系统化的管理技能。

应当懂得如何激励员工的士气，如何取得客户的信任；他们还应具有坚强的领导能力，培养员工的能力，良好的沟通能力和人际交往能力，以及处理和解决问题的能力（图 1-1）。

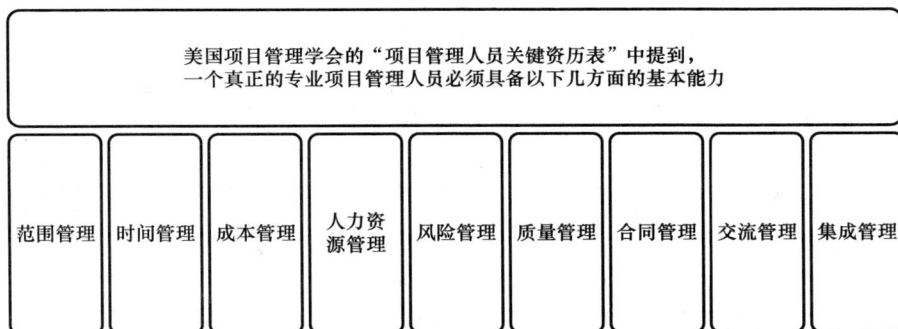

图 1-1　项目经理必须具备的基本能力

（1）范围管理：着眼于"大画面"的事务，例如项目的生命周期、工作分工结构的开发、管理流程变动的实施等。

（2）时间管理：要求培养规划技巧。有能力的项目管理人员应该知道当项目出现偏离规划时，如何让它重新规划。

（3）成本管理：要求项目管理人员培养经营技巧，处理诸如成本估计、计划预算、成本控制、资本预算以及基本财务结算等事务。

（4）人力资源管理：着重于对组内人员的管理，包括冲突的处理、对职员工作动力的促进、高效率的组织结构规划、团队工作和团队形成以及人际关系技巧。

（5）风险管理：该课题检测管理人员在信息不完备的情况下做决定的过程。风险管理模式通常由三个步骤组成：风险确定、风险冲击分析以及风险应对计划及其措施。

（6）质量管理：要求项目管理人员熟悉基本的质量管理技术，例如制作和署名质量控制图表，达到零缺陷质量等。

（7）合同管理：项目管理人员要求掌握较强的合同管理技巧，例如应能理解定价合同相对于"成本附加"合同所隐含的风险。应了解并掌握签约中关键的法律规则。

（8）交流管理：要求项目管理人员能与他们的经理、客户、厂商及属下进行有效的沟通交流。

（9）集成管理：在最终分析中，项目管理人员必须把上述八项能力综合起来并加以协调和整合为集成性，进行项目全方位管理。

1.1.2　主要作用

项目经理在工程项目施工中处于中心地位，起着举足轻重的作用。一个成功的项目经理需要具备的基本素质有：领导者的才能、沟通者的技巧和推动者的激情（图1-2）。

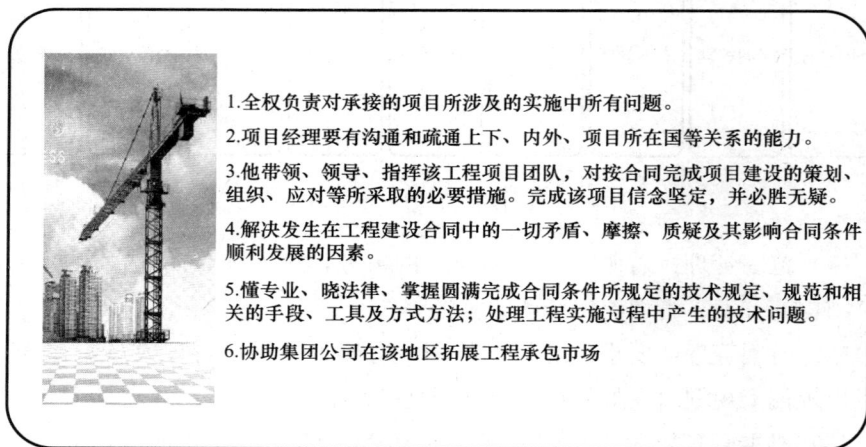

> 1.全权负责对承接的项目所涉及的实施中所有问题。
> 2.项目经理要有沟通和疏通上下、内外、项目所在国等关系的能力。
> 3.他带领、领导、指挥该工程项目团队，对按合同完成项目建设的策划、组织、应对等所采取的必要措施。完成该项目信念坚定，并必胜无疑。
> 4.解决发生在工程建设合同中的一切矛盾、摩擦、质疑及其影响合同条件顺利发展的因素。
> 5.懂专业、晓法律、掌握圆满完成合同条件所规定的技术规定、规范和相关的手段、工具及方式方法；处理工程实施过程中产生的技术问题。
> 6.协助集团公司在该地区拓展工程承包市场

图1-2　项目经理的作用

项目经理首要职责是在预算范围内按时优质地领导项目小组完成全部项目工作内容，并使客户满意。为此项目经理必须在一系列的项目计划、组织和控制活动中做好领导工作，从而实现项目目标。

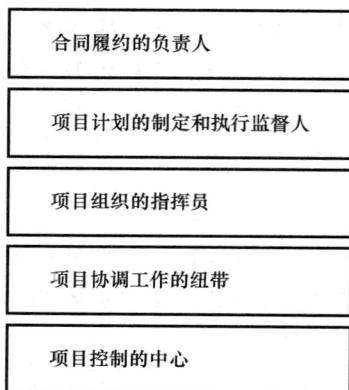

合同履约的负责人
项目计划的制定和执行监督人
项目组织的指挥员
项目协调工作的纽带
项目控制的中心

图1-3　项目经理工作内容

1.1.3　工作内容

项目管理，就是项目的管理者，在有限的资源约束下，运用系统的观点、方法和理论，对项目涉及的全部工作进行有效的管理。即从项目的投资决策开始到项目结束的全过程进行计划、组织、指挥、协调、控制和评价，以实现项目的目标（图1-3）。

项目经理是决定项目成败的关键角色。他除了具备一般经理的诸如计划、组织、决策、控制、协调等的具体职能外，还应具有如下的对内对外的两部分职责：

（1）对内职责：以项目章程为基础，精心计划；组织、选择和安排项目小组，协调任务和配置资源；控制和指导项目日常工作，协调项目目标中的进度、质量和成本，对可能发生的风险实施有效的管控；负责团队内部的沟通；有效调用项目小组和每个成员；鉴别技术和功能问题；直接解决问题或找到可能借助的各种外力和渠道；负责项目团队建设和人才开发。

（2）对外职责：与项目资助者和各方专家联系；获取外部资源；项目运行中的谈判；做好与其他项目的协调。其管理目标是领导成员为实现某一个具体的项目而努力，所有的管理活动都以项目为目的，更强调其技术技能（技术经验、决策等）。

主要权力：项目经理有权按工程承包合同的规定，根据项目随时出现的人、财、物等资源变化情况进行指挥调度，对于施工组织设计和网络计划，有权在保证总目标不变的前提下进行优化和调整，以保证项目经理能对施工现场临时出现的各种变化应付自如。也就是要使项目部成员共同参与决策，而不是那种传统的领导观念和领导体制，任何一项决策均要通过有关人员的充分讨论，并经充分论证后才能作出决定，这不仅可以做到"以德服人"，而且由于聚集了多人的智慧后，该决策将更得民心、更具有说服力，也更科学、更全面（图1-4）。

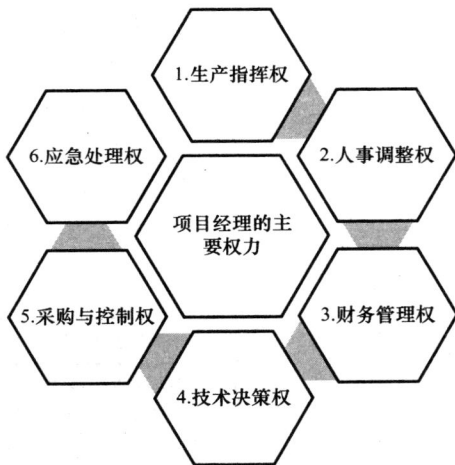

图 1-4 项目经理的主要权力

1.1.4 项目经理的十大态度

（1）要有"一定要"的决心：一个人不是一定要的时候，连小石头都可挡住他的去路，只有"一定要"的人，再大的障碍都挡不住他想要的结果。

（2）要有强烈的企图心：要以成为行业中的世界最顶尖为目标。只要能找出一个成功的理由，你就能够成功！

（3）相信自己：成功者先相信，后看见，目标决定策略，只要精神不滑坡，方法总比困难多。无与伦比的自信力是项目成功的基石。

（4）做事坚定：成功者愿意做一般人不愿意做的事，成功者愿意做一般人不敢做的事，成功者愿意做一般人做不到的事。

（5）对待问题果断：解决问题是一种态度而不是技巧，因此，你必须相信你能解决工程项目实施中的所有问题。

（6）充分发挥潜能：人的潜能是无限的，你永远不知道你的潜能极限在哪里？不断地告诉自己：我喜欢我自己，我是最棒的。

（7）不要找任何借口：成功者找方法，失败者找借口；要成功就不要有借口，要找借口就难以成功；当你没有借口的那一刻，就是你选择成功的开始。

（8）不惧怕困难：工程承包面临着许许多多的苦辣酸甜，成功者"热爱痛苦"，取得项目的成功就是把句号变为一朵花！

（9）学习借鉴经验：成功者学习别人的经验，一般人学习自己的经验。正如犹太谚语所云："世界为我而造"。

（10）绝不放弃：成功者绝不能放弃，放弃者绝不会成功。因为其动力来自内心的沸腾和梦想目标的支撑力。

1.1.5　项目经理主要担当

如图 1-5 所示。

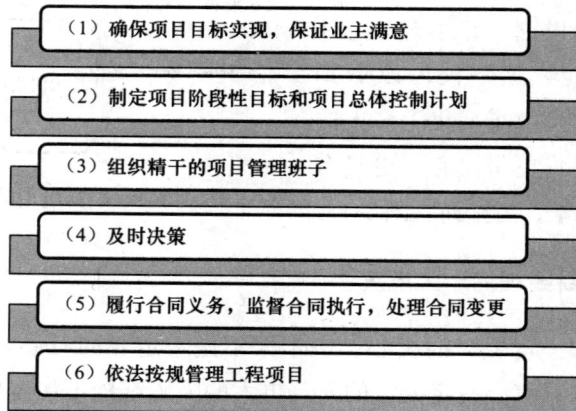

```
（1）确保项目目标实现，保证业主满意

（2）制定项目阶段性目标和项目总体控制计划

（3）组织精干的项目管理班子

（4）及时决策

（5）履行合同义务，监督合同执行，处理合同变更

（6）依法按规管理工程项目
```

图 1-5　项目经理主要担当

1.1.6 项目经理任命（简略）

工程总承包企业在工程总承包合同生效后，应立即任命项目经理。

项目部的设立及其工作应包括下列内容：

（1）根据工程总承包企业规定程序确定组织形式，组建项目部。

（2）根据工程总承包合同和企业有关管理规定，确定项目部的管理范围和任务。

（3）确定项目部的职能和岗位设置。

（4）确定项目部的组成人员、职责、权限。

（5）由项目经理与企业签订确认"项目管理目标责任书"，并进行目标分解。

（6）组织编制项目部规章制度、目标责任制度和考核、奖惩制度。

（7）项目部的组织形式应视工程总承包项目的规模、技术含量、专业特点与复杂程度、人员状况和地域条件确定。

（8）项目部的人员配置和规章制度应满足工程总承包项目管理的需要。

（9）项目部自行制订的规章制度与工程总承包企业现行的有关规定不一致时，应报送企业或授权的职能部门批准。

（10）项目经理应根据项目部人员岗位责任制度对项目部人员的责任目标完成情况进行检查、考核和奖惩。

1.1.7 项目经理职业素质

如图 1-6 所示。

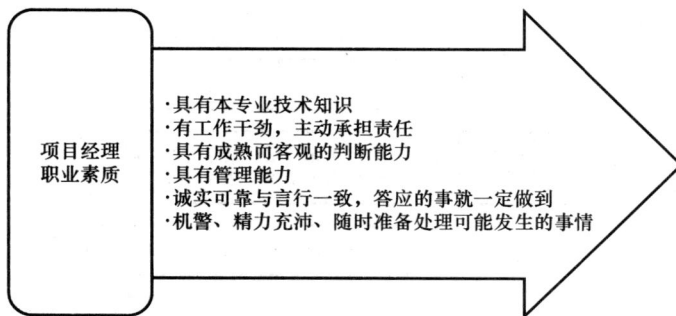

图 1-6 项目经理职业素质

结合实际概括为：

（1）品格素质：从行为作风中表现出来的思路、认识、品行等方面的特

7

征，如对国家民族的忠诚，良好的社会道德品质等。

（2）能力素质：项目经理把知识和经验有机结合起来运用于项目管理的能力，对于现代项目经理来说，能力是直接影响和决定项目经理成功与否的关键，包括：决策能力、组织能力、创新能力、协调与控制能力、激励能力、社交能力。

（3）知识素质：项目经理应具备基础知识与业务知识，并懂得在实践中不断深化和完善自己的知识结构。

（4）体格素质：身体健康、精力充沛。

项目经理的能力如图 1-7 所示。

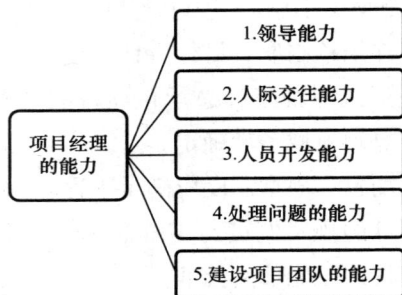

图 1-7　项目经理的能力

1.1.8　项目经理的管理素质

如图 1-8 所示。

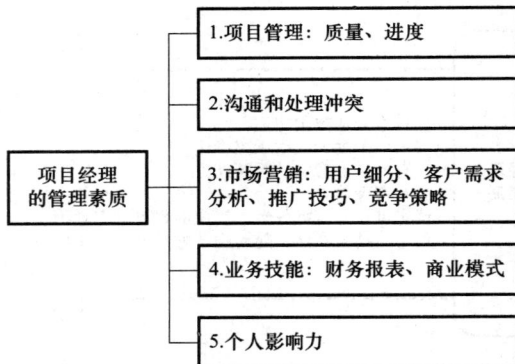

图 1-8　项目经理的管理素质

（1）项目经理业务模型主要内容：①需求分析与路标规划；②产品开发

与项目管理：产品设计、产品定义、产品项目管理等；③产品策略及产品推广：卖点分析及宣传，定价模式，利润，规模，阻拦竞争对手；④销售支持与客户巡检；⑤体系建设及管理；⑥决策支持与建议。

（2）项目经理重点工作：随着中国社会主义市场经济体制的建立和改革开放的深入，工程建设项目管理和设计体制改革在不断地进行。以项目管理为中心，实行项目经理负责制是工程建设项目管理成败的关键。在项目管理的过程中，项目经理必须抓好项目初始、中间实施和结束阶段的重点工作。

项目初始阶段是指从合同签订生效后到正式开展设计这一阶段。此阶段的主要任务是完成组织、计划，创造开展项目工作的条件。项目初始阶段的工作由项目经理组织，项目组主要人员参加完成。项目初始阶段的工作对整个项目的实施具有宏观控制作用，成功的筹划是项目成功的一半，它的工作范围、质量、深度和合理性对以后项目实施的成功与否至关重要。因此，项目经理在项目初始阶段必须投入相当的精力和时间。项目经理在项目初始阶段的主要工作如下：

① 研究熟悉合同文件：项目经理组织已明确的项目班子成员仔细核阅合同文件、协议、补充协议等各项有关合同文件，深入消化了解，据此来开展项目工作。主要包括：了解合同谈判背景、中标条件及合同主要条款，研究、熟悉合同的主要内容，研究制定执行合同的策略、重点及注意事项。

② 确定项目的工作分解结构和编码：根据合同项目的具体内容确定项目的工作分解结构和编码，将项目的工作任务分解成详细的工作单元，给每个单元规定各自的账目编码，这是进行费用/进度综合控制的基础。

③ 确定项目的组织分解结构和编码：根据项目的工作分解结构和编码，进一步确定项目的组织分解结构和编码。使项目的每一项工作都落实到公司的每一个部、室的每一个专业组织，不能遗漏，也不能把一项工作重复委派给一个以上的专业组。项目组实行动态管理，根据项目规模大小、复杂程度、专业协作条件关系，决定采取集中或分散的组织形式。

④ 组织业主（用户）开工会议：一般在合同生效后 3～4 周内，项目经理要组织召开业主（用户）开工会议。这是项目成立后与业主的第一次正式的重要会议。在会上要进一步明确承发包双方的职责和范围，工程公司的工作内容和基础条件，进一步确认合同项目采用的标准及相关事项，确定双方的联系渠道和协调事项，讨论项目计划的有关工作。

⑤ 编制项目计划：项目计划是项目经理对项目的总体构思和安排。项目

计划中要明确项目目标、工作原则、工作重点、工作程序和方法。项目经理首先编一个计划方案，提出对合同的研究意见，在技术和商务方面的可靠性和风险以及掌握项目进度、费用、质量和材料控制的原则和方法等，并经公司有关部门审查同意。接着再编制详细实施计划，并在项目开工会议上发布。这是项目工作的重要指导性文件。

（3）管理技能：管理技能首先要求项目经理把项目作为一个整体来看待，认识到项目各部分之间的相互联系和制约以及单个项目与母体组织之间的关系。只有对总体环境和整个项目有清楚的认识，项目经理才能制定出明确的目标和合理的计划。具体包括：

①计划：为了实现项目的既定目标，对未来项目实施过程进行规划和安排。计划作为项目管理的一项职能，它贯穿于整个项目的全过程，在项目全过程中，随着项目的进展不断细化和具体化，同时又不断地修改和调整，形成一个前后相继的体系。项目经理要对整个项目进行统一管理，就必须制定出切实可行的计划并对整个项目的计划做到心中有数，各项工作才能按计划有条不紊地进行。也就是说项目经理对施工的项目必须具有全盘考虑、统一计划的能力。

② 组织：是指为了使整个施工项目达到它的既定目标，使全体参加者经分工与协作以及设置不同层次的权力和责任制度而构成的一种人的组合体的能力。当一个项目在中标后（有时在投标时），担任（或拟担任）该项目领导者的项目经理就必须充分利用他的组织能力对项目进行统一的组织，比如确定组织目标、确定项目工作内容、组织结构设计、配置工作岗位及人员、制定岗位职责标准和工作流程及信息流程、制定考核标准等。在项目实施过程中，项目经理又必须充分利用他的组织能力对项目的各个环节进行统一的组织，即处理在实施过程中发生的人和人、人和事、人和物的各种关系，使项目按既定的计划进行。

③ 目标定位：是指项目为了达到预期成果所必须完成的各项指标的标准。目标有很多，但最核心的是质量目标、工期目标和投资目标。项目经理只有对这三大目标定位准确、合理，才能使整个项目的管理有一个总方向，各项目工作也才能朝着这三大目标开展。要制定准确、合理的目标（总目标和分目标）就必须熟悉合同提出的项目总目标、反映项目特征的有关资料。

（4）技能认证：建造师证已取代原来的项目经理证。为此需考建造师证，合格后注册。凡遵守国家法律、法规，具备规定条件者，可以申请参加一级建造师执业资格考试。

1.2　工程项目经理工作流程图

工程项目经理工作流程如图 1-9 所示。

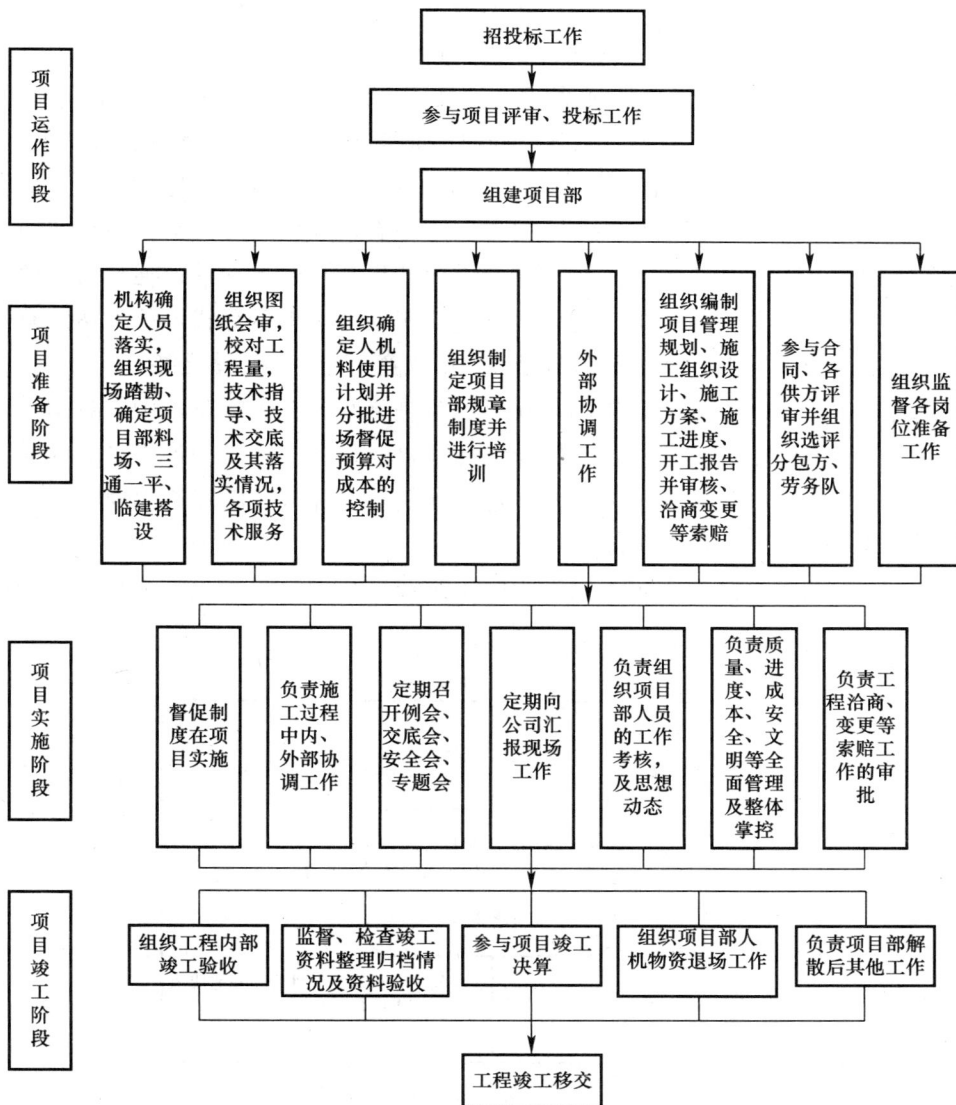

图 1-9　项目经理工作流程图

1.3 跨国公司对项目经理的基本要求

1.3.1 项目经理的国际定位

在经济全球化的市场竞争中，我国急需工程项目经理国际化，培养一批熟悉国际规则、懂国际惯例的项目经理，跻身于国际工程承包市场。我国工程项目经理要达到国际认同，必须努力实现三个根本性的转变。

第一个转变，必须有进入国际市场的执业资格。在国际工程承包市场上，取得相互认同的执业资格，并获得某一国度的准入，本身就是国际惯例，如国际上成立最早的英国皇家特许建造学会。享有较高的国际声誉，一旦取得特许建造师资格，等于拿到了在全球范围内从事项目建造活动的通行证。建造师注册制度象征着我国的建造师执业资格正向国际惯例靠拢，争取达成有关国家互认将是参与国际工程承包竞争、增强竞争能力的战略之举。

第二个转变，必须有取得国际认可的品牌优势。在国际竞争中，我国入围的承包企业应有品牌优势，品牌企业的项目经理应有自己的人格魅力和知识修养，工程业绩、能力素质、信用证明是其综合体现。国际工程项目管理联盟为我国评选"国际杰出项目经理"，通过现场英语答辩，充分演绎了杰出项目经理的综合素质和人格魅力，国际杰出项目经理是中国优秀项目经理的国际化形象代表，是项目经理的最高荣誉（图1-10）。

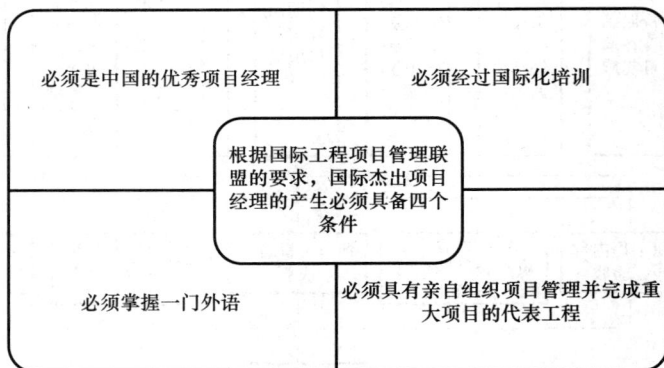

图 1-10 国际杰出项目经理的四个条件

按照这四条标准，中国建筑业协会项目管理委员会从 2002 年开始由各地协会推荐，经国际工程项目管理联盟组织评议，并经现场英语答辩。中国业界优秀项目经理曾作为参加第三届国际杰出项目经理的一员，到匈牙利参加国际项目管理全球会议暨国际杰出项目经理颁奖大会。此次会议，全球共有34 个国家和地区的项目管理组织参加，我们与世界上其他国家的优秀项目经理同台受奖，国际项目管理协会主席克来莫先生在会议致辞和总结中，特别对中国建设领域全力推行项目管理所取得成就给予了高度评价，并对中国有这样的优秀项目管理人才深感欣慰，期间主席还亲自为中国国际杰出项目经理签发了证书并颁发奖牌。通过国际杰出项目经理的出访受奖，大大提高了我国建筑业在国际上的地位，并在全国建筑企业中引起了强烈的反响，对于推进我国建筑业的改革，加快项目管理人才队伍的国际化步伐，进一步实施"走出去"的战略都具有十分重要的作用。

第三个转变，必须有适应国际竞争的新型人才。根据专家预测，加入WTO 后，国内承包企业和国外承包商"内出外进"的格局逐步形成。从建筑业实施"走出去"战略的总体形势看，参与国际竞争一定程度上是高素质人才的竞争。在应对知识经济时代的今天，作为项目经理要通过不懈努力，尽快搭上理念更新、知识更新、方法更新的快车，把自己变成学习型、竞争型、创新型的人才，方是最佳的自我定位。

1.3.2　国际工程项目经理应具备的素质及关注事项

1. 国际承包工程项目管理的基本特点

如图 1-11 所示。

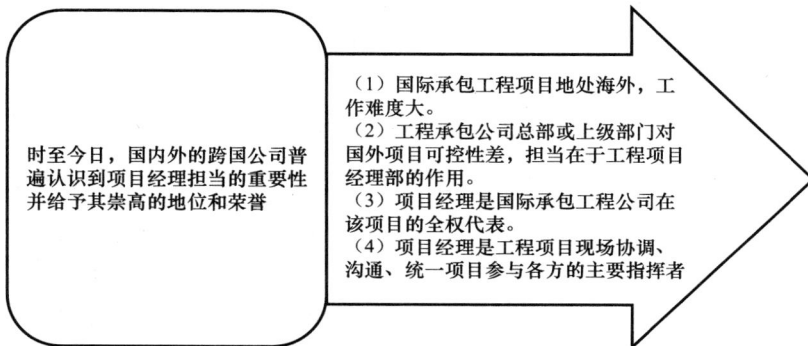

图 1-11　国际承包工程项目管理的基本特点

（1）国际承包工程项目地处海外，工作难度大。地理环境、法律法规、风土人情等与国内截然不同，决策难度大；工程项目具有"一次性"特点，免费改正概率几乎没有，要求决策成功率高。

（2）工程承包公司总部或上级部门对国外项目可控性差，担当在于工程项目经理部的作用。因受到各方面条件限制，当国外项目出现问题时，国内总部派遣工作组支援的频次和力度均受限制，工程项目经理部是对项目实施的全面、直接、有效管理的唯一管理机构。

（3）项目经理是国际承包工程公司在该项目的全权代表。是工程项目合同执行过程中一系列活动的主要决策人，是项目能否顺利地、优美地完成、达到预期目标的最关键人物。

（4）项目经理是工程项目现场协调、沟通、统一项目参与各方的主要指挥者。大型特大型项目的参与，包括业主方、承包方、监理方及其他干系方，少则数家、多者几十家甚至上百家。据此，项目经理的地位的极端重要性不言而喻。

2. 国际工程项目经理应具备的基本素质

项目经理是工程项目施工组织的总负责人，是国际承包工程公司在国外的代理人。其工作要依靠一个有能力、有效率的施工管理团队来完成。该团队包括管理人员、技术人员、行政人员，以及财务、物资、合同和工程技术各方面的专家；他的工作对象又涉及外国技术人员和工人，涉及外国的法律、海关、财政、税务和经济问题。因此，作为一名国际工程承包施工的项目经理，要具备一些基本的素质，才能胜任工作（图1-12）。

（1）有项目所在国或类似国家的工作经验，有同国际工程咨询公司交往的经历。工程的工期、造价、质量等因素决定了工程项目是"一次性"的，要进行修改或重复是要付出巨大的代价。所以工程项目经理有无经验就至为关键。

（2）熟悉工程所在国有关的法律、法规、法令。了解有关的税收、海关、交通、签证、工作许可条件等规定，通晓所在国人民的风俗习惯，熟悉金融和物价市场情况，以减少工作的盲目性，使工程项目得以顺利进行。

（3）熟练运用外语进行工作的能力。能同业主、监理工程师用英语直接交流、谈判和外事活动能力。在遇到分歧意见或合同纠纷时，会沟通双方意见，善于协调解决，防止矛盾尖锐化，避免破坏协作施工气氛。项目经理用外语直接会谈和联系工作，效率和工作成果可能成倍地提高。

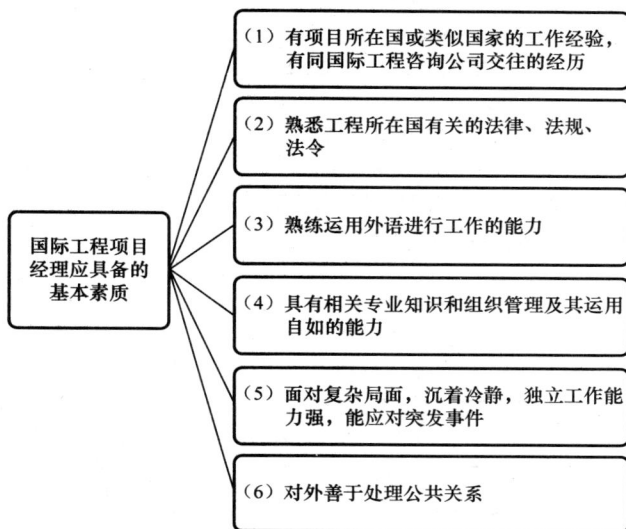

图 1-12　国际工程项目经理应具备的基本素质

（4）具有相关专业知识和组织管理及其运用自如的能力。项目经理必须是本工程项目专业技术领域的专家型人才，有较厚实的专业基础知识，并有丰富的组织管理的施工经验。团结项目部成员，调动积极因素，使其聚精会神齐心协力进行工程项目的施工，创造业务信誉和经济效益。能坚持原则合法合规办事，要善于化解内外矛盾或纠纷。

（5）面对复杂局面，沉着冷静、独立工作能力强，能应对突发事件。工程项目在施工过程中，工程项目经理不能事无巨细地向国内请示汇报，要充分发挥自己的聪明才智，独立自主地解决问题。如遇到重大问题应立即向国内汇报，但同时要有自己的意见。

（6）对外善于处理公共关系。能同业主方、监理方、项目参与方协同工作，一切坚持按合同办事原则，形成和谐友好的关系。同工程所在国的业务主管部门、税务机关和代理人等保持密切联系，为工程项目的顺利实施创造条件。善于依靠公司总部和上级部门，主动请示汇报，取得及时的指示和支持。

1.3.3　当好国际工程项目经理的八项基本条件

如图 1-13 所示。

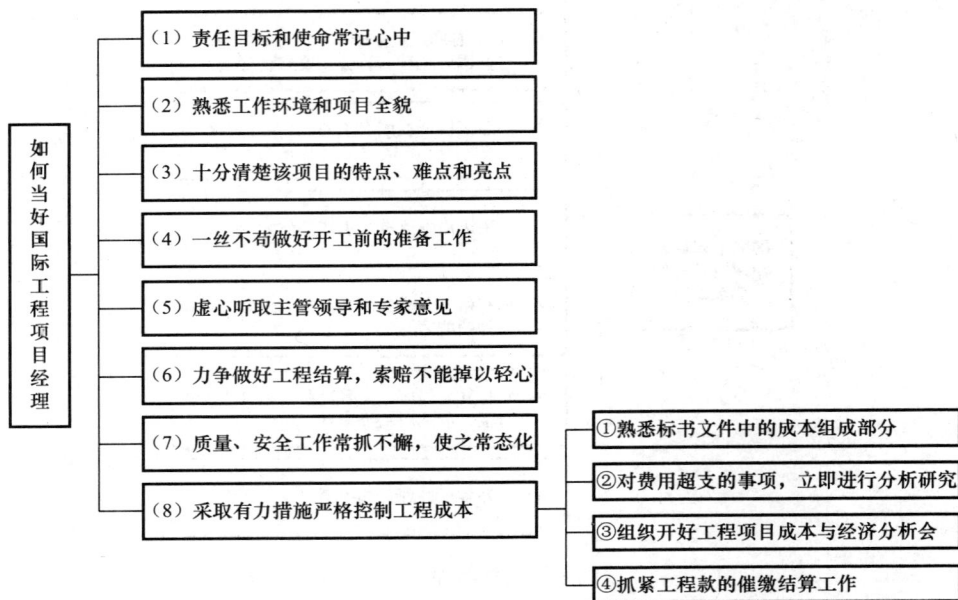

图 1-13 国际工程项目经理的八项基本条件

（1）责任目标和使命常记心中：工程项目经理，一般情况下，至少要履行两份主要合同。一份是与项目业主的合同，其中说明了工程项目主要的质量目标、工期要求、环保要求等；另一份是与承包公司总部的合同，其中除说明要按照主合同执行外，还有各项上缴经济指标、安全责任等。工程项目经理要清楚自己的处境，对外、对内的身份和责任，要将责任目标常记于心，并且要设法让每一位职工记在心中，落实在行动中。

（2）熟悉工作环境和项目全貌：熟悉项目所处的环境及工程本身的特点、难点，有利于后期管理工作的顺利开展。在"天时、地利、人和"几方面做工作。对项目所处的自然环境、人文地理、风俗习惯；项目执行的规范、标准；检、试验手段、验收程序；项目业主、监理的经历、公司特点都要了解清楚。

（3）十分清楚该项目的特点、难点和亮点：每一个项目都有其关键的线路，在整个项目施工过程中要始终予以关注。每一个项目都有制约工期、质量的问题，有些表现在技术方面，有些表现在外国环境、资金等方面，必须时刻心中有数，狠抓项目的特点、难点、亮点并在解决措施上小心、慎重。

（4）一丝不苟做好开工前的准备工作：前期准备工作主要涉及一是中标

16

后的技术准备工作，一是指开工前的现场准备工作。中标后的技术准备工作往往未给予足够的重视，许多人认为投标时的技术方案已经十分细致，没有必要花大力气再来一遍。实际上，这种观点在认识上有问题，因为投标时因时间限制，不可能对现场进行细致的勘探，不可能对市场进行深入的了解，一些决策，包括技术方案、投标报价、质保措施、人员安排等都以中标为目的，客观地讲，距离履约、创造可观的效益的要求还有很大的差距。从另一方面看，根据合同规定，一般要求在开工前一定时间内，承包商要提供可供实施的施工组织设计。

开工前的现场准备工作也十分重要，它对外代表企业的工作作风，对内关系到是否能按期开工；同时现场的布置、安排也对后期的施工管理、成本控制、对外交往有很大的促进或制约作用。

项目中标后项目经理的思想压力很大、工作头绪很繁杂，但是前期准备工作必不可少，这是一个必须经过的程序，而且是一个很关键、很重要的程序，所以工程项目经理要充分利用这一时间段，合理安排人员并明确目标责任，确保这两项准备工作圆满、顺利完成，打好开工前的准备战役。

（5）虚心听取主管领导和专家意见：为了减轻项目管理过程中的重大失误，应针对不同的项目聘请相关有经验的专家、顾问，最好能在准备工作开始之前开展工作。一些项目经理在开工前请专家顾问对项目进行诊断、对后期管理进行策划的做法值得学习推广。定期或不定期召开专家论证会，有助于项目管理工作的顺利开展。专家关于设备配置、选型、平面布置、施工工序，土料场、石料场等的建议，都是他们经验和智慧的结晶，对项目管理意义重大。项目经理如果不重视前期准备工作，不听取专家建议，将导致项目在进行中产生诸多问题，甚至返工，既浪费时间又浪费金钱。

（6）力争做好工程结算，索赔不能掉以轻心：工程进度款的结算和索赔工作，是承包商的两条主要财源，也是平衡支出的唯一手段，应作为项目经理部的工作重点。项目经理应密切注意结算和索赔工作的进展，同项目经理部人员一道作好以下工作：首先按合同条款规定，做好月结算、竣工结算和最终结算等工作，准时提出结算书。如果工程项目发生施工索赔事项，也应及时提出索赔结算书，以便工程师和业主审核决定。其次熟练掌握合同文件中的索赔条款，以及相应的报告程序和计价方法，以便在发生索赔事项时按合同规定办理。最后还要熟练掌握合同文件中的有关暂停施工或终止合同等条款的支付规定，以及业主风险和特殊风险发生后的支付规定，以便按合同条款做好结算工作，维护自己的合法经济利益，避免不必要的亏损。

（7）质量、安全工作常抓不懈，使之常态化：工程质量的好坏，是承包商业务信誉的主要表现形式，作为项目经理，应经常关注施工质量问题。一要熟悉技术规程，要求各工种严格按技术规程的规定施工。这是保证工程质量的根本环节。对于技术规程中不清楚或互相矛盾的地方，或施工图纸与技术规程不符之处，应及时要求工程师予以澄清。二要对施工过程中的检查验收工作进行详细记录，严格管理验收证明文件。对质量事故的具体数据和处理措施，应收集保存所有有关文件，作为结算、索赔的证据，也是竣工总结的重要资料。国际工程的施工安全应予特别注意。因为派遣人员到国外工作，任何工伤死亡事故，都会造成工程进度滞后、人员情绪波动，有时还会引起严重的政治后果，造成不好的影响。三要加强对安全意识的教育，建立具体的工作制度，认真检查实施。工程项目经理到施工现场巡视工作或解决问题时，应该随时随地检查在人身安全方面存在的忽视问题或危险因素，要求施工现场主管工程技术人员立即纠正。

（8）采取有力措施严格控制工程成本：在施工过程中实际的成本开支往往与投标报价时的成本有相当的出入，这是正常现象。工程项目经理的任务，是及时掌握和分析个别事项发生成本超支的原因，并迅速采取补救措施。发生成本超支的补救措施如图 1-14 所示。

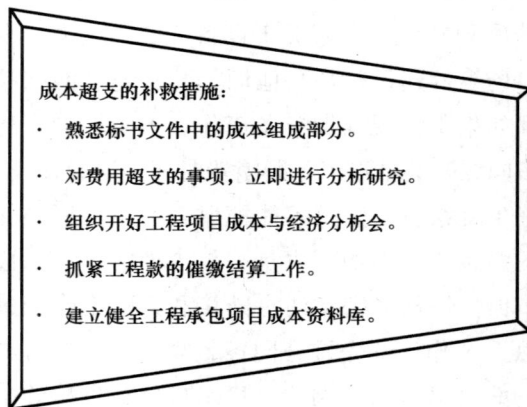

成本超支的补救措施：
· 熟悉标书文件中的成本组成部分。
· 对费用超支的事项，立即进行分析研究。
· 组织开好工程项目成本与经济分析会。
· 抓紧工程款的催缴结算工作。
· 建立健全工程承包项目成本资料库。

图 1-14　发生成本超支的补救措施

① 熟悉标书文件中的成本组成部分：对直接费用和间接费用中的大宗支出项目，予以特别注意，定期向项目的财务主管人员了解实际开支情况。

② 对费用超支的事项，立即进行分析研究：采取有效的具体措施防止继续超支，力争整个工程项目的计划成本不超支。如果有的成本开支超过计划，其原因是业主方面的责任时，则应按合同规定，及时提出施工索赔要求，以弥补不可避免的成本超支。

③ 组织开好工程项目成本与经济分析会：根据项目进度进展情况，按月按季召开相关人员参加的工程经济成本分析会，听取主管工程成本部门汇报，对工程实施中出现的成本问题研究提出解决方案。

④ 抓紧工程款的催缴结算工作：防止工程师或业主在支付工程款方面长期拖欠。工程款拖付往往给承包商带来很大的经济损失，引起成本增加。项目经理应指定专人，负责催款工作。

⑤ 建立健全工程承包项目成本资料库：一是将集团公司自身承包的国内外工程项目的成本资料，及时地、完整地、全套地总结、整理、分析后入档；二是收集欧美日等跨国公司的相关工程项目的成本分析资料，此事难度比较大，但一定力求搞到；三是在项目所在国，用心收集工程项目的有关定额资料等。

1.3.4　优秀的项目经理应具备的能力素质

工程项目经理还必须具备九项过硬能力，尤以从事国际工程项目更为注重。俗语"将在外，君命有所不受"，将领远征在外可以应急作战（胜败乃一瞬间之事，战机不可失），不必事先请战或等待君主的命令再战（如再请命，怕是贻误战机）。还有一层意思是，将士在外随机应战，在某些情况下可以不遵守君王的命令。俗话说："三军易得，一将难求"，项目施工亦是如此。一名优秀的项目经理除了忠诚于企业之外，根据中外跨国公司的实践，至少应该具备九个方面的能力和素质。优秀的项目经理应具的能力素质如图 1-15 所示。

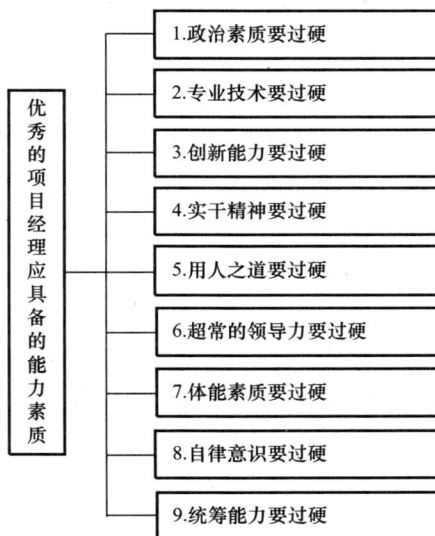

图 1-15　优秀的项目经理应具备的能力素质

1. 政治素质要过硬

优秀的项目经理必须具备过硬的

政治思想素质，以科学发展观武装头脑，使自己具备科学决策能力、贯彻执行能力、组织管理能力、综合协调能力、处事应变能力、开拓创新能力，在实际工作中善于科学的比对，全面的分析，超前谋划布局，权衡利弊得失，作出正确的决策。善于贯彻执行上级组织的决议和决定，把上级的精神和意图根据本项目实际制定行之有效的方案和计划，并有力地贯彻下去。在执行的过程中要善于把本项目的目标同实际状况结合起来，统筹兼顾。正确处理各种关系，合理组织各方力量，恰当使用各类人才，实现最终目标。

2. 专业技术要过硬

优秀的项目经理欲始终掌握工作的主动权，就必须适应新的形势，借鉴一切最新的科学成果，不断更新知识储备，适时地掌握和运用新知识，研究新情况，积累新经验。因此，要把学习作为一种责任，作为提高自身素质的基础、增长才干的途径。作为一名优秀的工程项目经理，一定要把学习新知识、掌握新技术、运用新工艺，作为开阔视野、拓宽思维、丰富知识的有效途径。当今科技知识发展迅猛，科技创新突飞猛进，学习也不能满足，不能停顿，养成热爱学习、善于学习的良好习惯，做学习型、知识型、实干型相统一的工程项目经理。

3. 创新能力要过硬

优秀的项目经理必须有过硬的创新能力，能够在复杂多变的市场环境中独立思考，有主见、有胆识、有魄力、有强烈的责任感和自信心，敢于竞争，善于创新。尤其要经得起失败和挫折的打击，具有坚韧不拔的毅力和开拓进取的精神。这种开拓进取的精神又体现在德才兼备、高瞻远瞩、运筹帷幄、大智大勇和极富创造性上。要善于开动脑筋，见别人之未见，想别人之未想，做别人之未做。时刻牢记肩负的重任，勤于思考，乐于奉献，勇于拼搏，不断开创工作新局面。

4. 实干精神要过硬

优秀的项目经理必须具备实干精神。作为一名工程项目经理，要想又好又快地建设好中标工程，必须依靠务实的工作作风，进行坚持不懈的努力。坚持做到说实话、办实事、求实效。一要忠实。为人正派，忠诚老实，踏实工作。二要扎实。工作中既有安排部署，又有检查督办，把落实放在第一位。雷厉风行令行禁止，急需办的事及时办，需要办的事抓紧办，好事办好实事办实。三要求实。讲求实际力求实效，善于用"十指弹琴"的工作方法，有先有后有急有缓，勇攻难点善解难题，有争创一流的精神和勇气，扎实推动各项工作不断向纵深发展。

5. 用人之道要过硬

优秀的项目经理自身的高素质固然重要，但要真正干好工程，实现创优创誉的目标，还必须拥有一大批技术骨干和各方面的专业人才。古人云：善用人者能成事，能成事者善用人。如果说人才难得，那么留住人才更难。工程项目经理一定要精通用人之道，善于调动积极因素。做到知人善任，用其长避其短，因为不同的工作岗位，对人有不同的要求；不同的人，对岗位也有不同的适应性。古人云："坚车能载重，堵河不如舟"。除知人善任外还要有容才之量。"金无足赤，人无完人；瓜无滚圆，人无十全"。出众的人才往往会有明显的缺点和较强的个性，要容得下他们高过自己的才能，还要容得下其缺点和不足。

6. 超常的领导力要过硬

优秀的项目经理的核心能力，是一种贯穿项目施工管理全过程的组织领导能力，一种可以为企业提供独特竞争优势的深度能力，在项目施工过程中起着根本性、主导性和关键性作用。工程项目经理能力要素很多，但究其核心要素，主要包括敏锐的辨别力、强大的推动力、持续的创造力和永恒的自我提升力。项目经理的辨别力，主要包括政治判断力、形势把握力、机遇识辨力、政策运用力；推动力主要包括决策能力、驾驭能力、运作能力；创造力主要包括创新力和应变力，而自我提升力主要包括学习力、自省自悟力、自律自纠力。

7. 体能素质要过硬

优秀的项目经理的身体素质，是工程项目经理胜任本职工作的基本条件。要想胜任本职工作，项目经理必须有健康的体能素质才能适应施工现场的艰苦环境，才能高效率地完成繁重的施工任务。人是要有一点精神的，很难想象一个身体羸弱的工程项目经理能够领导员工完成好工程任务。因此，工程项目经理要始终保持强健的体魄、旺盛的精力，保持昂扬向上的斗志、奋发有为的朝气、不屈不挠的勇气、攻坚克难的锐气。要善于把自身精神转化为团队精神、员工精神并最终形成企业精神，要善于把企业精神转化为全体参建员工的统一意志和自觉行动，形成企业核心竞争力。

8. 自律意识要过硬

优秀的项目经理必须树立正确的权力观、地位观、利益观，做到慎独、慎欲、慎权、慎微。自觉做到看重责任，严于律己，淡泊名利，廉洁从业。

即使在无人监督、无人知晓的情况下也不做任何触及道德底线、触及廉洁从业"红线"的事。要控制好个人的各种私欲，在细微之处表现出应有的品德和风格，既要管好自己，也要管好亲属和身边的人，自觉接受党组织、社会和职工群众的监督。只有这样，广大干部职工才会真正地拥护，才会产生强大的凝聚力和向心力，才能实现工程项目又好又快的建设。

9. 统筹能力要过硬

优秀的项目经理的洞察事物、工作谋划、整合协调和创造性思维等方面的能力出彩。统筹发展能力由市场环境、政府统筹发展能力、经济的协调发展能力、城乡一体化进程、人与自然环境的协调发展能力、经济与社会协调发展能力、人民生活质量等子系统中的诸多要素决定。这些要素既是形成统筹发展能力的决定因素，也是统筹发展能力的重要体现，它们之间相互作用、相互影响、互为因果，组成了一个科学、合理的评价体系。

第 2 章　当代项目经理五十切忌

2.1　五十切忌框图

如图 2-1 所示。

2.2　当代项目经理五十切忌

2.2.1　切忌信息不确

信息指事物发出的消息、指令、数据、符号等所包含的内容。在一切通信和控制系统中，信息是一种普遍联系的形式。"按物理学的观念，信息只不过是被一定方式排列起来的信号序列。在社会交际活动中，这个定义还不够：信息还必须有一定的意义，或者说信息必须是意义的载体"。（陈原《社会语言学》）又解，信息是确定性的增加；信息是事物现象及其属性标识的集合；是生物体通过感觉同外界交换内容的总称，是物质的一种基本属性，是物质存在方式及其运动规律特点的外在表现。当代世界的工程项目信息汗牛充栋、良莠不齐，需要通过政府有关部门、咨询公司以及项目代理等各种渠道谨慎加以甄别，尤其在发展中国家或欠发达国家更应百倍注意，切忌"饥不择食"盲目上马的毛病。要树立信息观念，占领市场竞争的制高点，深入开发利用信息资源并使之成为企业的无形财富。

2.2.2　切忌评估不当

如图 2-2 所示。

评估是指对工程项目的全过程、各阶段的评估作为，包括工程项目前期工作评审、合同管理评审、工程项目风险评审等。它是在工程项目履约执行过程中必不可少的重要工具和有效手段，这是欧美跨国公司多年实践事实证

50切忌框图

2.2.1 切忌信息不确	2.2.26 切忌业务主次不分
2.2.2 切忌评估不当	2.2.27 切忌无忧患意识
2.2.3 切忌报价不实	2.2.28 切忌违法经营
2.2.4 切忌管理不善	2.2.29 切忌人心不齐
2.2.5 切忌用人不妥	2.2.30 切忌未尽社会义务
2.2.6 切忌有效沟通不力	2.2.31 切忌经济效益不高
2.2.7 切忌项目没有选好	2.2.32 切忌不善交际
2.2.8 切忌项目团队组建不精	2.2.33 切忌不善理财
2.2.9 切忌缺乏项目培训	2.2.34 切忌不能与国际接轨
2.2.10 切忌合同管理不严密	2.2.35 切忌班子不和谐
2.2.11 切忌施工质量不高	2.2.36 切忌党建不强
2.2.12 切忌诚信乏力	2.2.37 切忌缺乏创新能力
2.2.13 切忌拒绝进谏	2.2.38 切忌忽略个人修养
2.2.14 切忌企业文化建设不及	2.2.39 切忌心理素质脆弱
2.2.15 切忌无品牌意识	2.2.40 切忌精、气、神不足
2.2.16 切忌安全生产保障不到位	2.2.41 切忌不能运用《孙子兵法》
2.2.17 切忌风险控制流失	2.2.42 切忌集团公司无战略规划
2.2.18 切忌内部控制疏漏	2.2.43 切忌大型项目经理无"三严"选聘程序
2.2.19 切忌项目决策不按程序	2.2.44 切忌激励机制、奖罚制度不兑现
2.2.20 切忌管理制度不健全	2.2.45 切忌无学习习惯
2.2.21 切忌责权利不对称	2.2.46 切忌企业信息化不充分
2.2.22 切忌分配"三不公"	2.2.47 切忌对新理论、新潮流、新理念不敏锐
2.2.23 切忌知行不一	2.2.48 切忌缺少与时俱进思想
2.2.24 切忌缺乏工作效率	2.2.49 切忌总结马虎，改进无力
2.2.25 切忌以权谋私、唯利是图	2.2.50 切忌片面性，多点哲理性

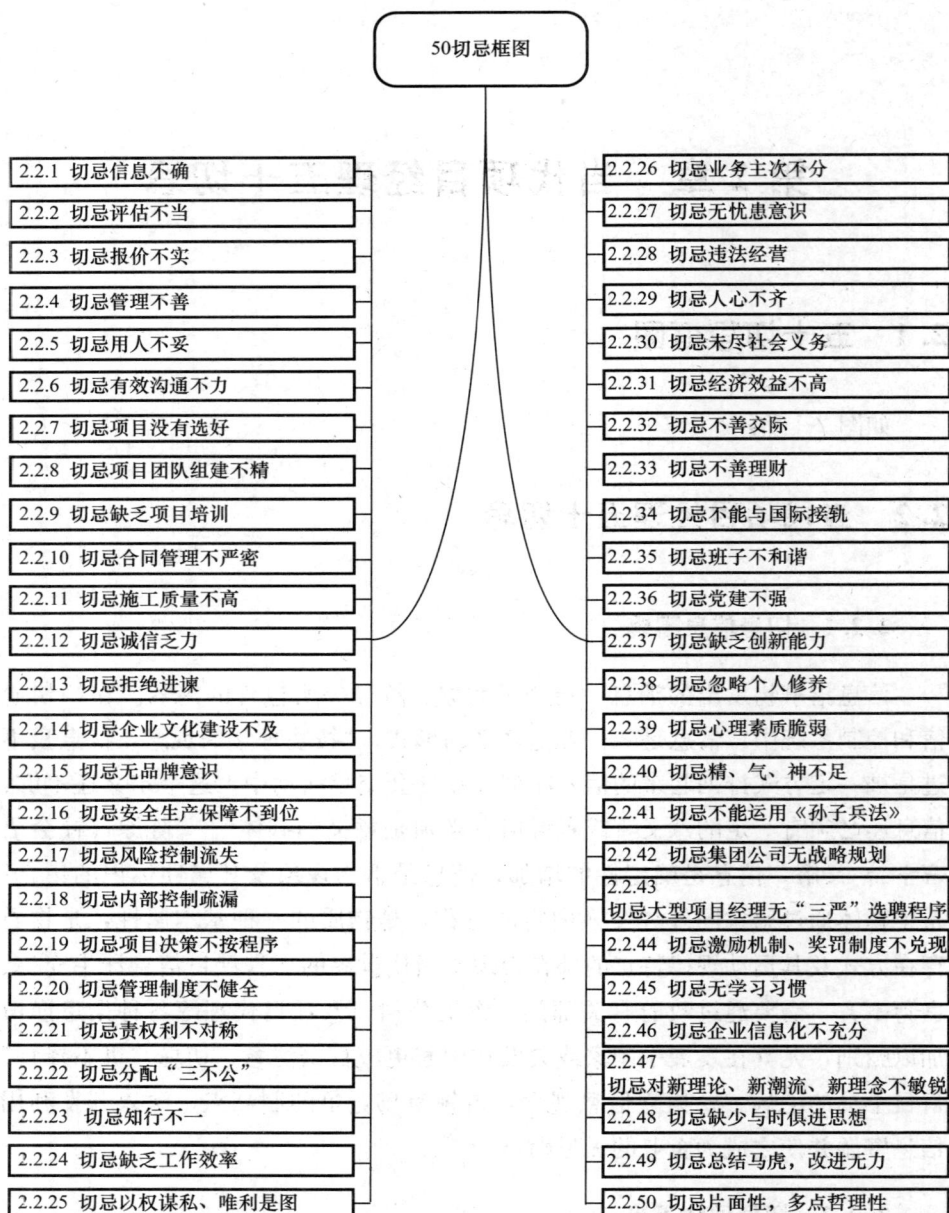

图 2-1 当代项目经理 50 切忌

明的经验之谈。据此，需要建立健全评估体系，设立必要的机构、人员和评估指标。评估的一般操作程序为：明确评估目的、对象、范围、内容、指标、时间要求等评估要素；双方签署评估业务约定书；拟订评估实施方案；搜集准备评估所需的各项资料和核实、验证各项资料；必要时进行现场勘查与鉴定；有针对性地选择评估方法和计算公式；根据具体对象分别进行询价、分析、测算和评定；确定评估结果，撰写评估说明，汇总编写评估报告；征求委托方意见、沟通，修改完善评估报告并提交正式评估报告书；建立评估项目档案。评估的当事人事前做好准备，千万不能临时抱佛脚，"临岸勒马收缰晚，船到江心补漏迟"，以保证评估的水平和质量在正确和高位轨道方向运行。

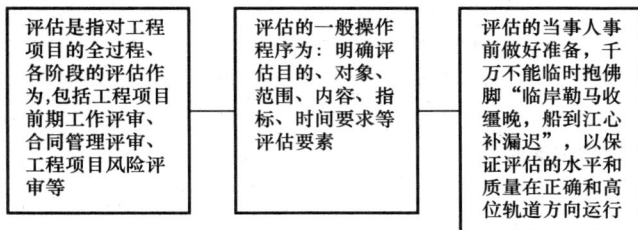

图 2-2　切忌评估不当

2.2.3　切忌报价不实

如图 2-3 所示。

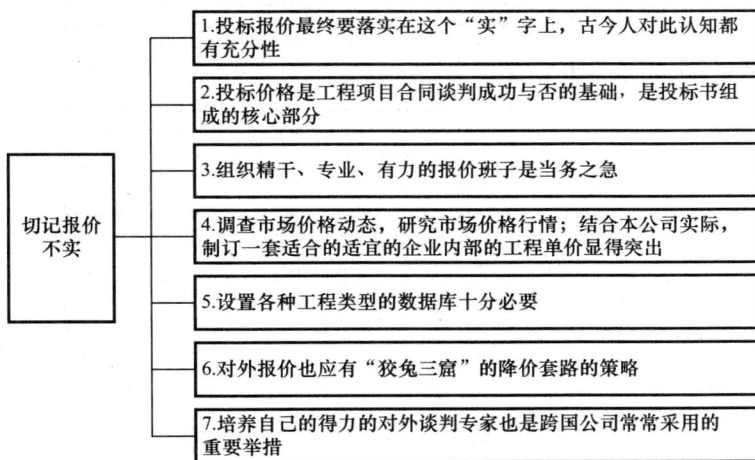

图 2-3　切忌报价不实

（1）投标报价最终要落实在这个"实"字上，古今人对此认知都有充分性。

（2）投标价格是工程项目合同谈判成功与否的基础，是投标书组成的核心部分，招标书常常写明不以最低价格为中标依据，但事实是国内外的工程项目中标价格几乎全部是最低价中标。

（3）组织精干、专业、有力的报价班子是当务之急。

（4）调查市场价格动态，研究市场价格行情；应结合本公司实际，制订一套适合的、适宜的企业内部的工程单价。

（5）设置各种工程类型的数据库十分必要。

（6）对外报价也应有"狡兔三窟"的降价套路的策略（如降价底线、降价条件、多方案报价、优惠建议、免费服务、使馆帮助、折扣种种、加入中介、联合投标）以应对业主选择万变。

（7）培养自己的得力的对外谈判专家也是跨国公司常常采用的重要举措。

2.2.4 切忌管理不善

如图 2-4 所示。

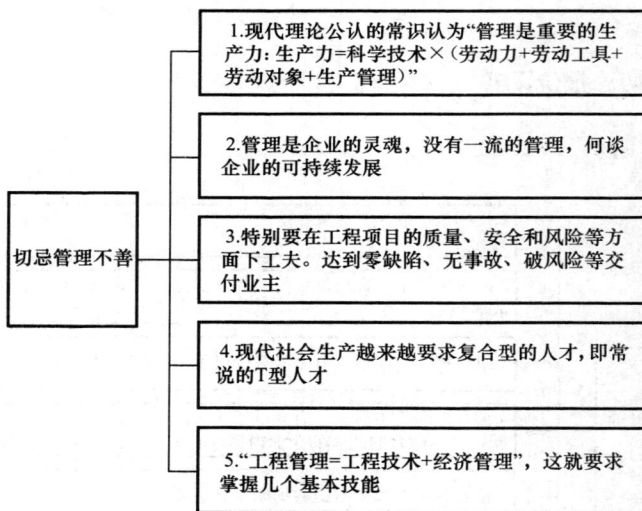

图 2-4 切忌管理不善

（1）现代理论公认的常识认为"管理是重要的生产力：生产力＝科学技术×（劳动力＋劳动工具＋劳动对象＋生产管理）"（周有光著《朝闻道集》第 29 页）。

（2）管理是企业的灵魂，没有一流的管理，何谈企业的可持续发展。企业全员都应关注集团公司的管理，学会、熟用现代的先进的管理理念、工具、手段、方式和方法。

（3）特别要在工程项目的质量、安全和风险等方面下功夫。达到零缺陷、无事故、破风险等交付业主。现代社会的发展趋势是社会分工越来越明确越精细，专业隔离越来越明显，隔行如隔山的情形越来越普遍。

（4）现代社会生产越来越要求复合型的人才，即常说的 T 型人才。单纯的具有管理技能，或是单纯具有工程技术的人才已不适应工程管理的潮流。工程管理需要具备管理学、经济学和土木工程技术的基本知识，掌握现代管理科学的理论、方法、工具和手段，能在国内外工程建设领域从事项目决策和全过程管理的复合型高级管理人才。工程管理者要学的不仅仅是一种管理的思想，还要求有一定的工程背景和数学知识。

（5）工程管理＝工程技术＋经济管理，这就要求掌握几个基本技能：

① 以土木工程技术为主的理论知识和实践技能；

② 相关的管理理论和方法（工程经济理论，相关的法律、法规，外语交际能力）；

③ 具有运用计算机辅助处理工程管理问题和工程管理信息化的能力；

④ 具有较强的工程管理科学研究能力。

总的来说，工程管理还是偏重于管理科学，它涵盖了工程项目管理、房地产管理经营、工程费用管理（投资与造价）、国际工程承包、工程项目咨询、工程项目施工、房地产开发与经营等相关工作。专业覆盖面宽广大、高精尖。

2.2.5 切忌用人不妥

如图 2-5 所示。

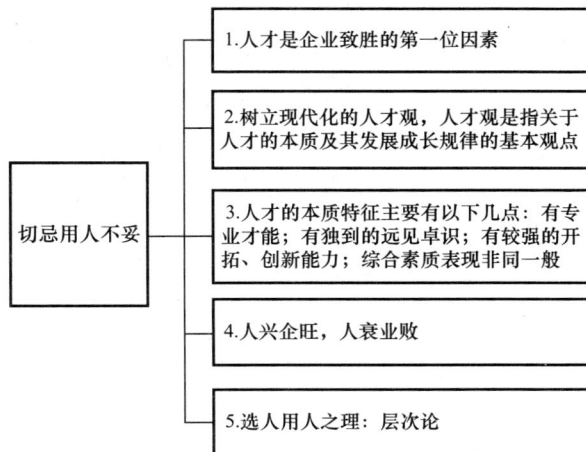

图 2-5 切忌用人不妥

（1）人才是企业制胜的第一位因素。

（2）树立现代化的人才观，人才观是指关于人才的本质及其发展成长规律的基本观点。在进行人才培养、教育、使用、考核、引进、测试等工作中，都受到人才观的影响，对于人才作用的发挥至关重要。人才观的首要是分析人才的特征。

（3）一般而言，人才的本质特征主要有以下几点：有专业才能；有独到的远见卓识；有较强的开拓、创新能力；综合素质表现非同一般，等等。

此外，研究这些特征如何培养，不同的人才观会得出不同的结论。"人才高下，视其志趣。"这是量人的一个重要法则，志趣低者安于平庸，不思进取，浅陋陈规，日益趋下。志趣高者，仰慕大目标崇隆行事，日益变得聪慧高明建功立业，成为集团公司蓬勃发展的骨干栋梁。

（4）"人兴企旺，人衰业败"。这一俗语言简意赅地反映了人力资源是第一位生产力要素。"一年之计，莫如树谷；十年之计，莫如树木；终身之计，莫如树人"，这是表达培养德才双全的长期战略意义。司马迁《史记·仲尼弟子列传》："吾以言取人，失之宰予；以貌取人，失之子羽。"俗语"以貌取人，失之千里"指要看其人的实力，"此辈只堪林下见，不宜引入画堂前"（李昌龄《乐善录》）是告诫。

（5）选人用人之理：层次论。据此，集团公司应广泛吸纳和建立各类各专业的专家人才库以备选用。

2.2.6 切忌有效沟通不力

沟通是工程项目实施中不可或缺的。据不完全统计，大多数项目经理都将90%以上的时间忙于用某些方式促进有效沟通，其中半数用于团队内部。所谓有效沟通，是通过听、说、读、写等思维的载体，采取书面的、口头的、正式的、非正式的、垂直的、水平的、会见、对话、研讨、备忘录、电子信件等方式准确、恰当地表达出来，以促使对方共鸣接受。有效沟通须具备的必要条件，一是信息发送者清晰地表达信息的内涵，以便接收者能确切理解；二是重视信息接收者的反应并据其反应及时修正信息的传递以免误解。

有效沟通能否成立关键在于信息的有效性，也就是信息的透明程度。同样，信息接收者也有权获得与自身利益相关的信息内涵。

有效沟通是一种动态的双向行为，只有沟通的主、客体双方都充分表达了对某一工程管理问题的看法，才具备有效沟通的意义。沟通是工程、技术、人文和社会科学的混合物，是企业管理的有效工具。

沟通还是一种技能，是一个人对本身知识能力、表达能力、行为能力的发挥。沟通的过程就是对决策的理解传达的过程。对决策和目标表达得准确、清晰、简洁是进行有效沟通的前提，而对决策和目标的正确理解是实施有效沟通的目的。在决策和目标下达时，决策者要和执行者进行必要的沟通，以对决策和目标达成共识，使执行者准确无误的按照决策和目标实施执行，免除因为对决策和目标的曲解误识而造成执行失误。

一个企业的群体成员之间进行交流包括相互在物质上精神方面的帮助、支持和感情上的交流、沟通，是联系企业共同目的和企业中协作的个人之间的桥梁。同样的信息由于接收人的不同会产生不同的效果，信息的过滤、保留、忽略或扭曲是由接收人主观因素决定的，是他所处的环境、位置、经验、教育程度等相互作用的结果。由于对信息感知存在的差异性，就需要进行有效的沟通以补偿弥合其差异性，并减小由于人的主观因素而造成的时间、经济上的损失。准确的信息沟通无疑会大大提高工作活动的效率，使之舍弃一些不必要的工作环节，以最简洁、最直接的快速方式取得理想的工作效果。为了使决策和目标更贴近市场变化，企业内部的信息流程也要分散化，使组织内部的通信向下一直到最低的责任层，向上可到高级管理层，并横向流通于企业的各个部门、各个群体之间。

在信息的流动过程中必然会产生各种矛盾和阻碍因素，只有在部门之间、职工成员之间进行有效的沟通才能化解这些摩擦及矛盾，使工作顺利进行。

有效沟通是从表象问题过渡到实质问题的手段。企业管理讲求实效，只有从问题的实际出发，实事求是才能解决问题。而在沟通中获得的信息是最及时、最前沿、最实际、最能够反映当前工程项目经营管理工作状态的。个人与个人间、个人与群体间、群体与群体间开展积极、公开、透明的沟通，从多角度看待一个问题，那么在管理中就能统筹兼顾、未雨绸缪。在许多问题还未发生时，管理者就从表象上看到，经过研究分析，把一些不利于企业稳定的因素扼杀掉。有效的沟通技巧一般包括以下几个方面：

（1）从沟通组成看。沟通的内容，即文字；沟通的语调和语速，即声音；沟通中的行为姿态，即肢体语言。沟通中应该是更好地融合好这三者。

（2）从心理学角度看。沟通中包括意识和潜意识层面，有效沟通必然是在潜意识层面的，有感情的，真诚的沟通。

（3）从沟通中的"身份确认"看。针对不同的沟通对象，如上司、同事、下属、合作伙伴等，即使是相同的沟通内容也要采取不同的声音、姿态和处理行为。

（4）从沟通中的肯定度看。即肯定对方的内容，不仅仅说一些敷衍的话。通过重复对方沟通中的关键词甚至把关键词语经自己语言的修饰后回馈。这会让对方觉得他的沟通得到您的认可与肯定。

（5）从沟通中的聆听度看。聆听不是简单的听就可以了，需要您把对方沟通的内容、意思把握全面，这才能使自己在回馈给对方的内容上，与对方的真实想法一致。有很多人属于视觉型的人，在沟通中有时会不等对方把话说完，就急于表达自己的想法，结果有可能无法达到深层次的共识。"真者，精诚之至也。不精不诚，不能动人。"（庄子《渔父》）是说真诚是人与人沟通相处的基本准则。

2.2.7　切忌项目没有选好

如图 2-6 所示。

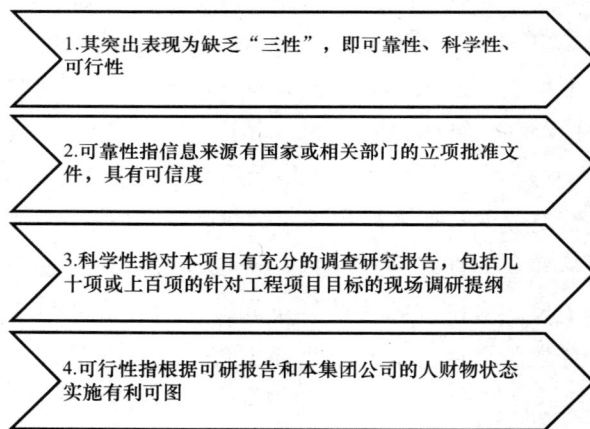

1.其突出表现为缺乏"三性"，即可靠性、科学性、可行性

2.可靠性指信息来源有国家或相关部门的立项批准文件，具有可信度

3.科学性指对本项目有充分的调查研究报告，包括几十项或上百项的针对工程项目目标的现场调研提纲

4.可行性指根据可研报告和本集团公司的人财物状态实施有利可图

图 2-6　切忌项目没有选好

此点唯一可靠的解决办法是组织精干专业的项目调研班子赴工程项目现场，进行全面、人财物全方位的考察。特别指出的是，对非可靠性、非科学性和非可行性的信息判别，应当引起高层管理者和经理人的高度重视拿捏和及时果断处理。遴选项目时的当事人必须全心、精心、耐心，不能马马虎虎、迷迷糊糊、模模糊糊，提出来的项目遴选报告有感动力说服力，精辟超强敢于承担责任。本领高强却自负的人，往往会因疏忽大意甚至某个细节没有注

意到，造成选择工程项目不当的后果。总之"买金须问识金人"，严格通过一定的程序、流程、制度，做出项目决策与否就不会出现大问题。但，影响项目选择的政策和重要因素是必定要考虑到的。国际金融学家的口头禅是"好项目不如好政策。"其直接因素：一是市场竞争态势。可用"态势分析法（SWOT）"，根据涉及的项目信息作出判断。二是通过势力分析，重新再认识选择该项目的利弊。所谓势力分析的基本内容，是比较和衡量选择该项目的推动力与阻碍力的大小程度，其指标可包括组织内部高层领导的支持度、班子成员的情绪、职能部门的观点、多数职工的看法、利害干系者的期望度、消极者的数目等，由此可揭示出项目选择的正确与否并做出决策。三是还要考虑项目选择的付出代价。是否把有限的人财物资源投入到举足轻重的备选项目方案上，这是至关重要的"有所为，有所不为"思想的一项因素。

2.2.8　切忌项目团队组建不精

项目团队是履行和完成工程项目的关键，其重要性不言而喻。随着工程项目管理实践的发展，团队建设日益为国内外众多企业重视。团队主要是通过自我管理组织形式进行，每个团队负责一个完整工作过程或其中一部分工作。团队成员在一起实施工程项目以改进其操作或产品、计划和控制并处理常规问题，甚至参与公司更广范围内的问题。团队建设应该是一个有效的沟通过程。在该过程中，参与者和推进者都会彼此增进信任、坦诚相待，愿意探索影响工作发挥出色作用的核心问题。

团队精神，是大局意识、协作精神和服务精神的集中体现。团队精神的基础是尊重个人兴趣和成就。团队精神的核心是协同合作，最高境界是全体成员的向心力、凝聚力，也就是个体利益和整体利益的统一后而推动团队的高效率运转。挥洒个性、表现特长保证了成员共同完成任务目标，而明确的协作意愿和协作方式产生真正的内心动力。没有良好的从业心态和奉献精神，就不会有团队精神。要强调个人的主动性，团队是由员工和管理层组成的一个共同体，该共同体合理利用每一个成员的知识和技能协同工作，解决问题，达到共同的目标。团队发展到成熟阶段，成员共享决策权，团队中是一种齐心协力的气氛。团队的领导者要负很大责任，每一个团队的成员也要承担相应的责任，甚至要一起相互作用、共同负责。而团队成员的技能是相互补充的，把不同知识、技能和经验的人综合在一起，形成角色互补，从而达到整个团队的有效组合。团队的结果或绩效是由大家共同合作完成的产品。

团队建设的好坏，象征着一个企业后继发展是否有实力，也是这个企业凝聚力和战斗力的充分体现。团队建设首先应该从班子做起，班子之间亲密团结，协作到位，管理者心里始终要装着员工，支持员工的工作，关心员工的生活，用管理者的行动和真情去感染身边的每位员工，平时多与员工沟通交流，给员工以示范性的引导，捕捉员工的闪光点，激发员工工作的积极性和创造性，更重要的是管理者要沉下身去和员工融为一体，让员工参与管理，给员工创造一个展示自己的平台，形成一种团结协作的氛围，让员工感到家庭般的温暖，在这个家庭里分工不分家，有福同享有难同当，个人的事就是团队的事，团队的事就是大家的事。对待每个人、每件事都要认真负责，做到以上几点，建设一支精干团队并不是难事。

团队需做到五个统一：统一的目标、统一的思想、统一的规则、统一的行动、统一的声音。统一的目标是团队的前提，没有目标就称不上团队，因为先有了目标才会有团队。有了团队目标只是团队目标管理的第一步，更重要的是第二步统一团队的目标，就是要让团队的每个人都认同团队的目标，并为达成目标而努力的工作。团队的思想统一是重要组织保证，团队思想不统一也会降低效率。一个团队在组织行动时要相互沟通与协调，让行动统一有序，使整个流程合理衔接，每个细节都能环环紧扣。

1. 团队建设的关键是：人才是团队最宝贵的资源

随着社会分工越来越细化，个人单打独斗的时代已经结束，团队合作提到了管理的前台。团队作为一种先进的组织形态，越来越引起企业的重视，许多企业已经从理念、方法等管理层面进行团队建设。精神离职是在企业团队中普遍存在的问题，其特征为：工作不在状态，对本质工作不够深入，团队内部不愿意协作，个人能力在工作中发挥不到30%，行动较为迟缓无所事事，基本上在无工作状态下结束一天的工作。但是也有积极一面，上班、下班非常准时，几乎没有迟到、事假、病假，团队领导指派任务通常是迅速而有效地完成。究其原因大多是个人目标与团队愿景不一致产生的，也有工作压力、情绪等其他方面原因。

针对精神离职者的有效方法是：专业沟通，用团队精神与团队愿景来提升工作状态，用激励手段提升工作热情。让精神离职者冷静思考调整状态，要根据实际情况考虑安排。团队是全体成员认可的正式组织，而非正式组织产生有两种原因，一是团队的领导非故意行为；二是团队成员在价值观、性格、经历、互补性产生某种一致时的非正式的组织。前者是管理者强化自身管理职能的需要，培养亲信，增强管理效力，客观上形成的非正式组织，虽然表面上能够很好进行日常动作，能够提高团队精神，调和人际关系，实施假想的人性化管理，在团队实施执行项目过程中，基本上向有利于团队的方向发展，但长期而言会降低管理的有效性，团队的精神懈怠、工作效率会低下、优秀团队成员流失，这种非正式组织通常是松散型组织。后者则是紧密型非正式组织，其愿景通常与团队愿景不一致，在团队中常常不止一个这样式非正式组织，随着这种组织的产生，团队的瓦解之日就不会远。这种紧密型非正式组织会偏离团队的价值观，破坏团队文化，阻挠团队的创新精神和开拓精神。通常松散型组织又会向紧密型组织发展，紧密型组织又会和松散型组织对抗。因此团队领导者在团队中建立非正式组织是不可取的，是基于一种管理水平低下同时对团队极不信任的结果。

团队建设中要注意四戒：一戒"团队利益高于一切"；二戒"团队本身的内斗"；三戒"团队内部皆兄弟"；四戒："牺牲'小我'，换取'大我'"。诚然，团队精神的核心在于协同合作，强调团队合力，注重整体优势，远离个人英雄主义，但追求趋同的结果的同时必然注重团队成员的个性创造和个性发挥并具备持续创新能力。团队精神的实质不是要团队成员牺牲自我去完成一项工作，而是要充分利用和发挥团队所有成员的个体优势去做好这项工作。团队的综合竞争力来自于对团队成员专长的合理配置。只有营造一种适宜的氛围：不断地鼓励和刺激团队成员充分展现自我，最大限度地发挥个体潜能，团队才会迸发出如原子裂变般的能量。

成功团队的四大特征：一是凝聚力、吸引力、战斗力；二是能力超强，出成果出人才；三是长效机制，真抓实干；四是互补性大，竞争力高昂。在具备竞争力的前提下，按贡献大小予以合理分配，只有建立一套公平、公正、公开的薪酬体系，大家才能在同一套阳光制度下，施展才华建功立业，成为企业的强大"驱动力"。

项目经理部团队一般架构如图 2-7 所示。

总之，团队建设是一项控制难度很大、实践性很强的工作，出现这样那样的偏差在所难免，但只要坚持以人为本的原则，勤于探索，注重实效，大胆创新，就一定能够走出各种形式的误区，培养出团队的凝聚力和向心力，形成团队独有的核心竞争优势。故，无论是当前或未来，企业都要把项目团队建设放在一个极端重要的位置，其原因是工程项目团队的意义就是一个企业和项目组的命运共同体所在。且看某企业团队建设的思路（图 2-8）。

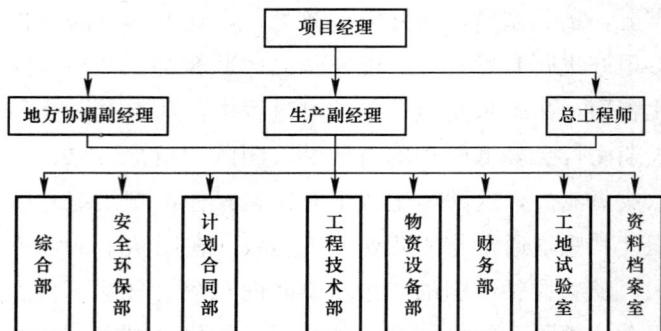

图 2-7　项目经理部团队一般架构

图 2-8　企业团队建设的五大攻略

2. 企业的员工必须树立项目团队观念

一是人才是团队最宝贵的资源。热忱投入出色完成本职工作的人，是团队宝贵的资源和资本。

二是尊重人。为优秀的人才创造一个和谐，富有激情的工作环境，是上至老总下至部门主管一切工作的核心和重点。

三是尊重每一个员工的个性。尊重员工的个人意愿，尊重员工的选择权利，所有的员工在人格上人人平等，在发展机会面前人人平等，为员工提供良好的工作环境，营造和谐的工作氛围，倡导简单真诚的人际关系。

四是打造培养自己的管理团队。是公司人才理念的具体体现，持续培养专业的富有激情和创造力的队伍，让每一个员工都成长为全面发展，能独当一面的综合性人才，是企业一项重要使命。

五是倡导健康丰盛的人生。工作不仅仅是谋生的手段，工作本身应该能够给我们带来快乐和成就感，在工作之外我们鼓励所有的员工追求身心健康，追求家庭的和谐，追求个人生活的极大丰富。

最后，学习是一种生活方式。希望每一位员工，以空杯的心态，培养自己的学习能力，迅速提升自己各方面的工作技能和综合素质。

3. 建立共同的愿景与目标

所谓团队，就是一种为了实现某种目标，由相互协作的、具有共同信念的个体组成的工作群体。在团队愿景建设上，是在描绘组织中所有成员心中所追求的图像，它一定会具有很强的感召力——能激发起组织中成员的创造冲动，使人一想到它就充满激情。

4. 分工协作，发挥每个人的作用

团队的每一个人都有自己的特点，有人外向易于沟通，有人内向封闭；有人业绩出色，如何将其组织好呢？作为团队的管理者，首先要了解自己的团队，使每一个成员感受自己是团队中不可缺少的一分子，每个成员对团队的贡献都能够得到大家的承认，让每个成员融入团队，提高团队成员的参与性。高效能团队需要三种不同技能类型的成员：具有技术专长的人，具有发现、解决问题和决策技能的人，具有较强人际关系的人。有的人有领导能力，平时可以组织活动；有的人分析能力强，可以作为团队军师。要发挥每个人特长，在团队中能找到用武之地，团队发展才会越来越兴旺。

5. 多做激励，方式可以多种多样

当小组成员表现杰出时，要及时给予奖励，奖励方式最好是奖品与奖状同时颁发。另外，要多对团队成员进行赞美。同时对团队成员家庭情况也要多做了解，及时关心他们家里的困难，这对团队会产生巨大的凝聚力；还有，记得有机会多与团队成员一起共进午餐，最好与成员单独一起，这样会使其产生被重视的感觉，从而更愿意为团队付出。此外还有一招：如果团队成员较多，不太好管理时，可以策划一些竞争方案，让其互相竞赛或一起与其他团队竞赛，竞争会使团队更团结。

6. 信任团队成员，提升领导艺术

在项目团队中，相信每一个人都是人才，是项目经理最大的财富，要好好利用这些资源，才会使团队更加壮大。要想在团队之间产生深深的信任感，项目经理要言必行、行必果；要起到一个表率和示范作用；让成员参与决策；倡导信任、开放和包容的文化氛围；确保指导的准确性和实效性；体现对组员的关心。在项目管理时，还需注意公平性，就是不应因为与某个成员走得比较近而给予过多关照，至少在公开场合应该如此，否则如果处事不公，必然会引发信任危机，从而从根本上破坏团队的团结。

7. 注意学习掌握沟通交流技巧

信息交流沟通在团队建设中很重要。据成功学家的研究表明，一个正常人每天花 60%～80% 的时间在"说听读写"等沟通活动上，而作为主管更是如此。在团队建设上如果多沟通交流、多聆听、多关怀，有机会多学习沟通的技巧，会有力地增强以上几个秘诀的功力，将其作用发挥得更加充分。

8. 做好企业团队建设的基本前提条件

企业团队建设成功与否，决定企业的经营目标是否能实现，企业有无核心竞争力，企业的知识能不能共享，以实现企业和项目组共同奋斗的战略目标。

(1) 要有优秀的组织领导。领导素养包括：品德高尚；能力强势；多领少管。

(2) 共同的事业愿景。共同的事业愿景包括：找到组织存在的价值和意义；实现事业的组织分工和责任。

(3) 清晰的团队实施目标。包括如下要素：制定组织的经营目标；组织成员个人的利益目标。

(4) 专业互补的成员类型。包括如下两点：团队成员的个性互补；素质能力互补。

(5) 合理的激励考核指标。包括如下方面：建立合理而有挑战性的薪酬考核体系；团队组织建立阶段，要多奖励，适度惩治；团队成长、成熟阶段，要多规范，要用制度来管理与约束。

(6) 系统的学习提升和培养。包括：创建学习型组织；打造学习型个人。

(7) 集团公司的强有力的全面支持。包括：授权，责权利的兑现，人财物的储备等。

2.2.9　切忌缺乏项目培训

项目培训泛指工程项目管理培训，是对工程项目管理者进行现代项目管理理念、体系、流程和方法的教育培训活动。其目的是通过培训，使之具备系统思维、战略思维的主动意识，改变管理习惯，降低随意性和不确定性，大幅度提高工作效率。工程项目是具有目标、期限（起点与终点）、预算、资源约束与资源消耗以及专门组织的一次性独特任务。项目管理指把各种系统、方法和人员结合在一起，在规定的时间、预算和质量目标范围内完成项目的各项工作。培训体系包括：人力资源开发、工程项目管理体系、绩效考核与项目经理测评以及培训效果转化评价等。战略项目管理是站在组织高层管理者的角度对组织中的各类任务实行项目管理，是着眼于组织（地区）整体战略目标的实现，从战略到项目群，从项目群到项目，是以项目为中心的长期组织管理模式。管理的项目化是压缩日常工作比重，按项目配置资源，是以目标为导向，组织各项业务成为一种多项目组合，所有项目构成组织业务内容并支持组织发展，是现代项目管理理念、体系、流程和方法的普及。项目管理培训目前最流行的证书是 PMP 和 IPMP，前者是美国项目管理协会 PMI 颁发，后者是国际项目管理协会颁发。就经理人的胜任力层面讲，这是工程项目管理培训的主题，不容置疑，提升各级次的工程管理胜任力是一项不间断的、连续性的、长效战略性的重大工作任务。这是由工程项目管理理论发展、管理方法不断更新、操作工法技能层出不穷等决定的。根据集团公司的实际情况建立健全适合本单位的基本胜任力模型，是有效培育经理人才、专业技术人才和各类专家人才的路径。

2.2.10　切忌合同管理不严密

如图 2-9 所示。

| 1.冠居工程管理之首的合同管理指合同履约全过程管理，是履约实施执行合同的核心问题，也是一个工程项目成败、效益好坏、考核企业的竞争力和执行力的重要指标 | 2.包括合同前期管理、合同履行管理、合同过程管理、合同监控及考评管理、合同责任与奖惩等制度化、系列化、规范化 | 3.必须建立健全适宜本项目的合同管理一套系统性工具、技术、措施和制度，以保证满足合同实施中的合同要求 |

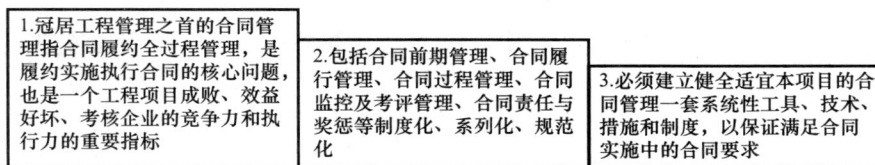

图 2-9　切忌合同管理不严

（1）冠居工程管理之首的合同管理指合同履约全过程管理，是履约实施执行合同的核心问题，也是一个工程项目成败、效益好坏、考核企业的竞争力和执行力的重要指标。

（2）包括合同前期管理、合同履行管理、合同过程管理、合同监控及考评管理、合同责任与奖惩等制度化、系列化、规范化。国内某些大公司为此专门制定了工程施工合同管理制度及其细则，规定了二百余条款及表格化的管理工具和方式方法，严谨、严格、严肃地控制了合同实施，取得了良好效果。可见举合同管理而工程管理可尽赅也，业者应尽其所能在合同管理的刚（如合同管理制度）、柔（如中西文化对比）两个方面下足功夫，对合同条款所涉及的法律和经济等细节化的方方面面，精雕细刻融会贯通义理清晰，理所当然产生经济效益、环境效益和社会效益等丰硕成果。这也是我们中国公司在国际工程中与发达的国际跨国公司市场竞争力最大的差距之一，特别需要业内经理人深刻思考和奋力追赶而超越之点。为此，必须对主要发达国家的合同格式和有针对性的工程项目所在国家地区的合同格式等及其相关法律法规"吃透"得"滚瓜烂熟"，"活学活用"不出纰漏！要达到合同管理的双赢成果。

（3）必须建立健全适宜本项目的合同管理一套系统性工具、技术、措施和制度，以保证满足合同实施中的合同要求。当然，这是在充分的、完整的对所承包的工程项目合同条件的熟究研习基础上考虑的具体的操作性非常强的管用的合同管理模板性系统。这里需要提醒的是，各国的合同条件格式，特别是著名的 FIDIC 合同格式、英国的工程合同格式、美国的相关工程合同格式等都各有特色和不同的约束和技术要求，必须根据国际工程具体项目有针对性地制定合同管理系统。

2.2.11 切忌施工质量不高

如图 2-10 所示。

中国的集团公司几乎都有一句口头禅：质量重于泰山！质量是企业的生命线！

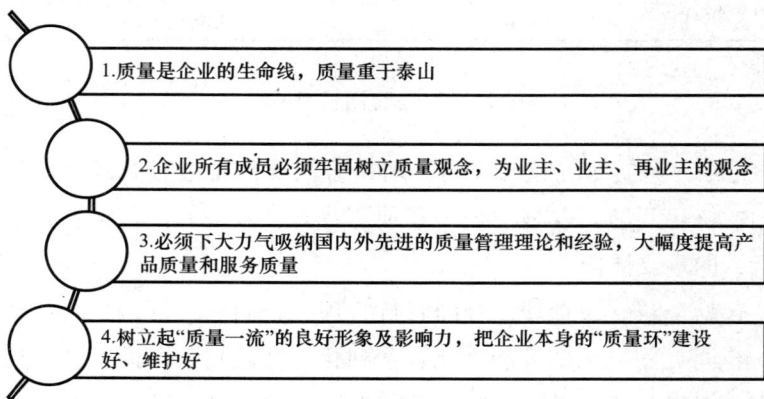

1.质量是企业的生命线，质量重于泰山

2.企业所有成员必须牢固树立质量观念，为业主、业主、再业主的观念

3.必须下大力气吸纳国内外先进的质量管理理论和经验，大幅度提高产品质量和服务质量

4.树立起"质量一流"的良好形象及影响力，把企业本身的"质量环"建设好、维护好

图 2-10 切忌施工质量不高

质量环概念是欧美日的集团公司所具有的一项全面管控施工质量的重大的行之有效的理论方法。它原则上可从总部至下属二级公司规定工程质量的

责权利的范围，强化了对施工质量管控效应。除一丝不苟严格执行国家建设主管部门颁布的建设工程施工质量检验标准外，国际组织 ISO 及欧、美、日等发达国家都有一套行业或不同专业的工程质量标准，很值得参照借鉴。尤其是关于质量环的概念和功能以及美国"朱兰质量手册"中相关工程质量流程和日本的工程项目质量理论、控制手段、工具、方式方法等，极具参考价值、实用价值、操作价值。完全可以采取"拿来主义"的办法在决策层、管理层、操作层的不同级次上运作。孔子在两千多年前就说过"用器不中度不鬻于市。"他认为质量不合格是违犯法律的，今天的人们当为自己劣质产品而羞愧无地自容。根据合同规定而制定的质量管理规划，还应该在质量保证的工具、技术、措施和审计方面落实，以使质量保证取得理想的成果。从国际上视角而论，质量管理是指在质量方面指挥和控制组织的协调的活动。质量管理，通常包括制定质量方针和质量目标以及质量策划、质量控制、质量保证和质量改进。QCC 之父、日本质量管理大师石川馨认为，质量管理就是开发、设计、生产、提供最经济、最有用、买方满意地购买的优质产品。全面质量管理的创始人菲根堡姆认为，质量管理就是为了在最经济的水平上生产出充分满足顾客质量要求的产品，而综合协调企业各部门活动，构成保证与改善质量的有效体系。

而现代质量管理的领军人物朱兰博士将质量管理划分为三个普遍的过程，即质量策划、质量控制和质量改进，称为朱兰质量管理三部曲（图 2-11）。这些都是我们在质量管理范畴内，不断研习运用的。

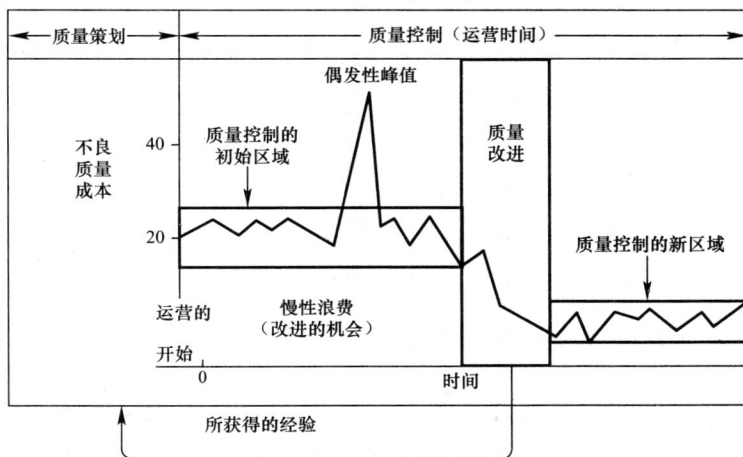

图 2-11　朱兰质量管理三部曲

2.2.12 切忌诚信乏力

中国《民法通则》第四条规定：民事活动应当遵循自愿、公平、等价有偿、诚实信用的原则。诚信原则指当事人真诚地向对方充分而准确的告知有关保险的所有重要事实，不允许存在任何虚伪、欺瞒、隐瞒行为。而且不仅在保险合同订立时要遵守此项原则，在整个合同有效期内和履行合同过程中也都要求当事人间具有诚实守信原则。如果没有诚信原则，虚伪、欺瞒、隐瞒行为就会大量出现。当订合同时，也会不按照合同上的条约来执行。因此，诚信原则是必不可少的。西方国家现行的民事诉讼法，对诚信原则都有不同程序的规定。英、美、法等国都有关于民事诉讼诚信原则的规定。据此，一个人、一个家庭、一个项目组、一个集团、一个领导人说话言而有信，说话算数，言必行行必果，才能体现人格、展示力量、受人敬佩。诚信是立身之根、做人之本、治家之策、兴事之基。

2.2.13 切忌拒绝进谏

进谏一般指对君主（领导或上级）、尊长或朋友进言规劝；同样指下级对上级、臣子对君主、年幼者对长者进行的劝告、建议的方式。进谏在中国历史上主要是向君王提出意见或建议，这当然是一种十分危险的行为，君王的威严不容侵犯，敢于进谏的臣子在史书中多被大肆称赞，因为他们本着为国为君为民的初衷勇敢地提出自己认为正确的意见，这是要冒着生命危险的。最著名的是在《贞观政要》中所描述的盛唐时期的一群忠良之臣向皇上李世民进谏，提出的数百项意见书被采纳的真实故事，读后令人钦佩和感动，至今仍有巨大的现实意义。就企业来讲，进谏行为是员工对生产、工作中的不良行为、事务进行规劝或者为组织发展提出建设性意见或合理化建议的一种组织公民行为。日本丰田公司在这方面已经取得世人瞩目的成效，如"提案制度"即"合理化建议"做法，平均每人每年30～60条，成为公司"持续改善"、技术创新、公司发展的成功管理方略和原动力。

2.2.14 切忌企业文化建设不及

世界上每个国家的文化都包含着传统文化和现代文化，关键是如何积极地"述而又作"。中国企业把企业文化口号化、标语化、"抽屉化"，显然对企业文化认知度低下、抱有消极的"述而不作"是个大错误！实际上企业文化理念是一个企业的灵魂，是企业文化的核心层次，企业文化是一个基于理念突破的创造过程。它包括制度文化、行为文化和物质文化，反映了企业的信仰与追求，它包括：企业的使命、愿景、标识精神、核心价值观、经营理念等诸多内容，指导着企业的经营管理行为，对内统一思想、凝聚和激励全员人心、产生心理约束和行为导向，对外树立良好的企业形象、扩大担当的社会影响等发挥着不可替代的重要作用。故，总汇提炼、高度概括、精心打造本企业的企业文化精神，是保障企业战略规划制订、实现的基础。

2.2.15　切忌无品牌意识

品牌是给拥有者带来溢价、产生增值的一种无形的资产，它的载体是用以和其他竞争者的品牌或劳务相区分的名称、术语、形象、记号或者设计及其组合，增值的源泉来自于客户心智中形成的关于其载体的印象。指对产品及产品系列的认知程度，其一般意义品牌是一个名称、名词、符号或设计，或者是它们的组合。作为品牌战略开定义，品牌是通过以上要素及一系列市场活动而表现出来的结果所形成的一种形象认知度，感觉，品质认知，以及通过这些而表现出来的客户的忠诚度，总体来讲它属于一种无形资产。品牌是企业或品牌主体一切无形资产总和的全息浓缩，而"这一浓缩"又可以以特定的"符号"来识别；它是主体与客体，主体与社会，企业与客户相互作用的产物。品牌本源是一个非常中性的词汇，品牌并不总是正面的，也有负面的，它是品牌的客户和经营者共同作用的结果。简言之，品牌定义应该是品牌经营者（主体）和客户（受众）互相之间心灵的烙印。简而言之，品牌就是心灵的烙印，其要素：①差异化：产品差异化是创建一个产品或服务品牌所必须满足的第一个条件，公司必须将自己的产品同市场内的其他产品区分开来。②关联性：指产品为潜在顾客提供的可用性程度。消费者只有在日常生活中实际看到品牌的存在，品牌才会有意义。③认知价值：这是创建一个有价值的品牌的要素。即使企业的产品同市场上的其他产品存在差异，潜在顾客发现别人也在使用这种产品，但如果他们感觉不到产品的价值，就不会去购买这种产品。品牌最持久的含义和实质是其价值、文化和个性；品牌是一种商业用语，品牌注册后形成商标，企业即获得法律保护拥有其专用权；品牌是企业长期努力经营的结果，是企业的无形载体。

品牌的价值还包括用户价值和自我价值两部分。品牌的功能、质量和价值是品牌的用户价值要素，即品牌的内在三要素；品牌的知名度、美誉度和普及度是品牌的自我价值要素，即品牌外在三要素。品牌的用户价值大小取决于内在三要素，品牌的自我价值大小取决于外在三要素。当前我们的品牌观念存在很多误区，很多人对品牌的认识并不清晰，造成其塑造品牌的行为模糊、随意，产生的品牌结果自然也是不如人意。

"品牌"指的是产品或服务的象征，而符号性的识别标记，指的是"商标"。品牌所涵盖的领域，则必须包括商誉、产品、企业文化以及整体营运的管理。因此，"品牌"不是单薄的象征，乃是一个企业总体竞争，或企业竞争力的总和。品牌不单包括"名称"、"徽标"还扩及系列的平面视觉体系，甚至立体视觉体系。但一般常将其窄化为在人的意识中围绕在产品或服务的系列意识与预期，成为一种抽象的形象标志，甚至将品牌与特定商标画上等号。

2.2.16 切忌安全生产保障不到位

当前，国内外工程安全问题形势严峻，各类事件频发。从业人员安全素质单一、安全目标低、安全意识差、安全保障缺失，安全管理状况堪忧。

（1）安全是在人类生产过程中，将系统的运行状态对人类的生命、财产、环境可能产生的损害控制在人类能接受水平以下的状态。

国家标准（GB/T 28001）对"安全"给出的定义是："免除了不可接受的损害风险的状态"。安全：指不因人、机、媒介的相互作用而导致系统损失、人员伤害、任务受影响或造成时间的损失。"君子安而不忘危，存而不忘亡，治而不忘乱，是以身安而国家，可保也。"（《易·系辞下》）这里的"安"是与"危"相对的，并且如同"危"表达了现代汉语的"危险"一样，"安"所表达的就是"安全"的概念。"无危则安，无缺则全"。即安全意味着没有危险且尽善尽美。这是与人们的传统的安全观念相吻合的。从安全的认识阶段来说：局部的安全认识已无法满足生产和生活中对安全的需要，必须设计策划与生产力相适应的安全生产管理系统并采取有效措施。当今生产和科学技术的发展，特别是高科技的发展，静态的安全系统安全技术措施和系统的安全认识即系统安全工程理论已不能满足动态过程中发生的，具有随机性的安全问题，必须采用更加深刻的安全技术措施和安全系统认识。

（2）人类生活方式愈趋复杂，可能危害工程项目、员工身体生命安全的情况随之增加。

（3）加强实施安全教育。其目标为：一是控制、预防、排除，及避免意外伤害事件，以维护身体生命安全。二是提高警觉心态，养成良好习惯，以确保生活的安全，及工作的顺利。三是由个人身体、生命，及生活之安全，进而达到团体活动、社会运作、国家生存之安全。四是安全教育，培养应变、避难、疏散等知识与技能。没有危险是安全的特有属性，也是本质属性。需要指出的是，无论在辞书中，还是学术研究中，人们经常把安全与"不存在威胁""不受威胁"、"不出事故"即安全。但，某些不安全状态也可能有"不存在威胁"或"不受威胁"的属性。例如，当某一主体没有受到外部威胁但却因内在因素而不安全时，不受威胁便成了这种特殊情况下不安全的属性。因此，"不存在隐患"、"不存在威胁"、"不受威胁"、"不出事故"、"不受侵害"等等，并不是安全的特有属性。只要"危险、威胁、隐患等"在人们的可控范围内，就可以认为其是安全的。面对危险是否有对策？对策是否有效？对策是否已落实？这才是判断安全的有效方法。没有危险的安全状态几乎不存在，无论是安全主体自身，还是安全主体的旁观者，都不可能仅仅因为对于安全主体的感觉或认识不同而真正改变主体的安全状态。

世间的事都有个前因后果，事故这个结果也有原因，原因就在于事故相关的各个环节，就是说，事故是一系列事件发生的后果。这些事件是一系列的，一件接一件发生的，就是"一连串的事件"。构成了安全管理上的"事故链"原理。即，初始原因→间接原因→直接原因→事故→伤害。这是一个链条，传统、社会环境、人的不安全行为或物的不安全状态、人的失误、事故伤害；又像一张张多米诺骨牌倒下，最终导致事故发生，出现相应的损失。"高高兴兴上班、平平安安回家"是共同的希冀，各项工作始终以安全工作为中心，是每次大会、小会甚至于班会必提的话题。安全常记心中就是要做到"人人事事保安全"，其关键要从我做起，从现在做起，重视安全宣传、教育和培训。只有安全意识提高了，安全技术能力提高了，才能在工程项目实施过程中自觉遵守劳动纪律和安全操作规程。从"要我安全"转向"我要安全"、"我应安全"、"我能安全"、"我懂安全"，这就是安全意识的飞跃，而端正思想作风，熟练掌握安全专业知识，以及崇高的敬业精神则是实现这个飞跃的必备前提。"智者是用经验防止事故，愚者是用事故总结经验"，事后补救不如事前防范。企业应该定期召开安全与风险检讨会议，学习文件，交流经验，做安全与风险案例分析，吸取经验教训，提升警觉强化防范，远离和杜绝事故。据此，消解风险确保安全更需要，从项目团队成员有强烈的安全意识、应对安全的组织协调系统、与项目所在国建立必要的联络机构、有一定安全素质的人员和应急措施、发生安全事件后国内外有畅通的解决渠道、还要有安全后勤保障准备等。中国近年来倡导的新安全观，即"互信、互利、平等、协作"，在实施国际工程项目中，对非传统安全的防护的重大作用值得构筑和关注。

2.2.17 切忌风险控制流失

如图 2-12 所示。

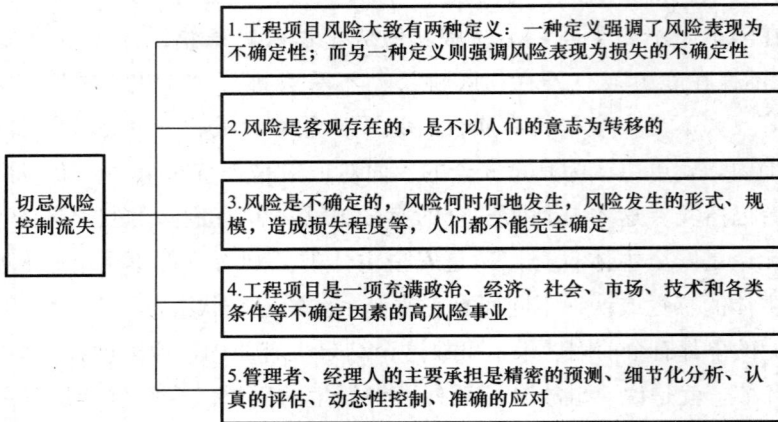

图 2-12 切忌风险控制流失

安全与风险防控是指不受威胁，没有危险、危害、损失。人们的整体与生存环境资源的和谐相处，互相不伤害，不存在危险和危害的隐患，是免除了不可接受的损害风险的状态。其工程项目风险控制本身亦是一项大系统工程，需要做事无巨细的策划工作，才有可能化解风险为经济效益。风险防范的做法如图 2-13 所示。

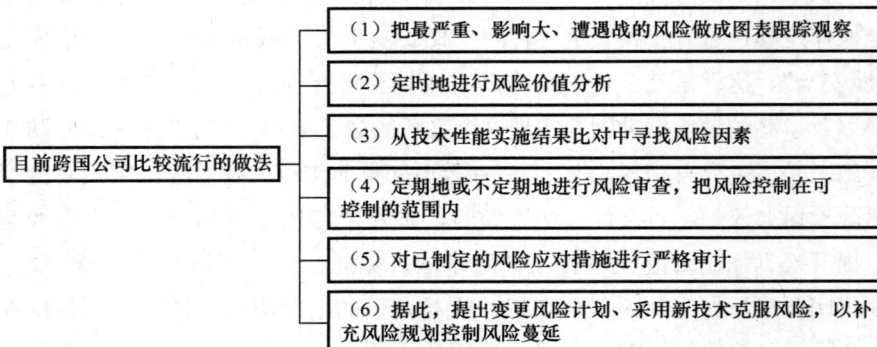

图 2-13 风险防范做法

2.2.18　切忌内部控制疏漏

所谓内部控制，是指一个单位为了实现其经营目标，保护资产的安全完整，保证会计信息资料的正确可靠，确保经营方针的贯彻执行，保证经营活动的经济性、效率性和效果性而在单位内部采取的自我调整、约束、规划、评价和控制的一系列方法、手续与措施的总称。不仅包括单位最高管理层用来授权与指挥经济活动的各种方式方法，也包括核算、审核、分析各种信息资料及报告的程序和步骤，还包括对单位经济活动进行综合计划、控制和评价而制定的各项规章制度。

内部控制要素包括控制环境、风险评估、控制活动、信息与沟通、监控等五个相互联系的要素。内部控制的目标尽管管理论界有多种表述，但最根本的是保护单位财产，检查有关数据的正确性和可靠性，提高经营效率，贯彻既定的管理方针等四个方面。我国企业内部控制的主要问题一是领导"一支笔"审批，缺乏完善内控制度和流程保障。二是过于依赖业务人员，企业资源掌握在个人手中，企业对业务开展失去控制。三是内部控制制度文字描述性东西较多，清晰的流程图和配套表单较少。四是控制制度"救火式"的较多，制度体系缺乏系统性和完整性，甚至政出多门，相互打架。五是人员招聘时注重笔试和面试的考察，忽视背景调查。六是过分强调控制成本，经常将效率作为弱化或逾越内部控制的理由。

内部控制的基本结构包括控制环境、会计系统、控制程序三个方面。依审计准则可定义为：内部控制是被审计单位为了合理保证财务报告的可靠性、经营的效率和效果以及对法律法规的遵守，由治理层、管理层和其他人员设计和执行的政策和程序。一般来说，企业资金的内部控制体系主要可以分为事前防范、事中控制和事后监督三个环节。

事前防范：企业需要建立一套严格的内控规章制度，包括《企业财务管理办法》、《企业预算管理暂行办法》、《资金计划管理办法》、《企业资金授权审批管理办法》等一些与资金管理相关的制度。在企业的资金管理过程中，要合理设置职能部门，明确各部门的职责，各司其职，建立财务控制和职能分离体系。充分考虑不兼容职务和相互分离的制衡要求。各部门、各岗位形成相互制约、相互监督的格局。另外企业还应当建立严格的审批手续，授权批准制度，以减少某些不必要的开支。明确审批人对资金业务的授权批准方式、权限、程序、责任和相关控制措施，规定经办人办理资金业务的职责范围和工作要求。

事中控制：主要体现在保障货币资金安全性、完整性、合法性和效益性资金安全性控制。其范围包括现金、银行存款、其他货币资金、应收应付票据的控制。主要方法有：账实盘点控制、库存限额控制、实物隔离控制等。

事后监督：在资金管理过程中，除事前防范，事中控制环节之外，资金的事后监督也是必不可少的环节。在每个会计期间或每项重大经济活动完成之后，内部审计监督部门都应按照有效的监督程序，审计各项经济业务活动，及时发现内部控制的漏洞和薄弱环节；各职能部门也要将本部门在该会计期间或该项经济活动之后的资金变动状况的信息及时地反馈到资金管理部门，及时发现资金的筹集与需求量是否一致，资金结构、比例是否与计划或预算相符，产品的赊销是否严格遵守信用政策，存货的控制是否与指标一致，人、财、物的使用是否与计划或预算相符，产品的生产是否根据计划或预算合理安排等。这样既保证了资金管理目标的适当性和科学性，也可根据反馈的实际信息，随时采取调整措施，以保证资金的管理更为科学、合理、有效。同时，将各部门的资金管理状况与部门的业绩指标挂钩，做到资金管理的责、权、利相结合，调动资金管理部门和职工的积极性，更好地进行资金管理。纵观内部控制理论的发展历程，大致上经历了以下六个阶段（图 2-14）。

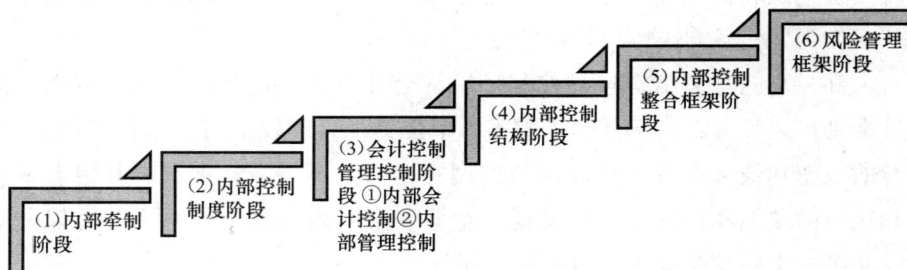

图 2-14　内部控制六个阶段

COSO 委员会发布的《企业风险管理——整合框架》认为企业风险管理是一个过程，该框架包括了八大要素：内部环境、目标设定、事项识别、风险评估、风险应对、控制活动、信息与沟通、监控。

总之，良好的内部控制系统可以有效地提高会计信息资料的正确性和可靠性，保证生产和经管活动的顺利进行，保护企业财产的安全完整，保证企业既定方针的贯彻执行；企业决策层不但要制定管理经营方针、政策、制度，而且要狠抓贯彻执行，为审计工作提供良好基础。有效的内部控制系统可以防止各项资源的浪费和错弊的发生，提高生产、经营和管理效率，降低企业成本费用，提高企业经济效益。根据财会［2008］7 号《企业内部控制基本规范》，内部控制包括五大目标：合理保证企业经营管理合法合规、资产安全、财务报告及相关信息真实完整，提高经营效率和效果，促进企业实现发展战略。报告目标：对内对外报告的可靠性。经营目标：对风险做出适当反应，促进运营的效率和效益（为企业目标的实现提供保障）合规目标：法律法规、商业行为的内部政策。

内部控制应遵循以下原则：

（1）有效性原则：要充分发挥内部控制的作用，在各部门和各岗位得到贯彻实施，建立的内部控制必须具有有效性，必须具有高度的权威性，成为所有员工严格遵守的行动指南；

（2）审慎性原则：内部控制的核心是有效防范各种风险，建立内部控制必须以审慎经营为出发点，要充分考虑到业务过程中各个环节可能存在的风险，设立适当的操作程序和控制步骤来避免和减少风险；

（3）全面性原则：内部控制必须渗透到企业机构的各项业务过程和各个操作环节，覆盖所有的部门和岗位，不留死角和空白，做到无所不控；

（4）及时性原则：指内部控制的建立和改善要跟上业务和形势发展的需要，必须树立"内控先行"的思想，建章立制，采取有效的控制措施；

（5）独立性原则：内部控制的检查、评价部门必须独立于内部控制的建立和执行部门，直接的操作人员和直接的控制人员必须适当分开，并向不同的管理人员报告工作；在存在管理人员职责交叉的情况下，要为负责控制的人员提供可以直接向最高管理层报告的渠道。

2.2.19 切忌项目决策不按程序

决策程序是一个提出问题、分析问题、解决问题、遵循科学的完整的动态过程。决策程序包括四个基本步骤：

（1）提出问题，确定目标；

（2）拟定具备实施条件、能保证决策目标实现的可行方案；

（3）分析评估，方案择优；

（4）慎重实施，反馈调整。

为了规范决策行为，强化决策责任，减少决策失误，保证决策质量，国务院制定了《全面推进依法行政实施纲要》及重大行政决策程序操作规则。企业根据自己的规模和发展状态来制定符合科学化、民主化的工程项目决策议事规则，首先通过专家委员会提出工程项目的评估报告。在决策问题方面千万要"言出必践"，决不能出尔反尔，千万不要令下属或员工们匪夷所思丧失信心。

2.2.20　切忌管理制度不健全

规章制度是企业为了维护正常的工作、劳动、学习、生活的秩序，保证国家各项政策的顺利执行和各项工作的正常开展，依照法律、法令、政策而制订的具有法规性或指导性与约束力的各种行政法规、章程、制度、公约应用文件，是人们行动的准则和依据，对社会公共秩序的维护，对企业的可持续发展有着十分重要的作用。其特点为：①指导性和约束性。②鞭策性和激励性。③规范性和程序性。制度可分为岗位性制度和法规性制度两种类型。④细节化、专业化的操作规程。规章制度是规范工程管理秩序的保证。当然，任何规章制度都有某些例外，绝对通用的规章是没有的，例外恰恰证明了规章制度的合理性。例外是有的，否则就没有常规的了（汉姆生），这就是说没有无例外的规则。建立健全各层次、各级次的工程项目管理制度是经理人必知的、必要的、必须的、必有的、必行的，否则就会发生令人无法接受的恶果。现代企业管理制度有其特点：

（1）具有明确的实物边界和价值边界，具有确定的政府机构代表国家行使所有者职能，切实承担起相应的出资者责任。

（2）通常实行公司制度，即有限责任公司和股份有限公司制度，按照《公司法》的要求，形成由股东代表大会、董事会、监事会和高级经理人员组成的相互依赖又相互制衡的公司治理结构并有效运转。

（3）以生产经营为主要职能，有明确的盈利目标，各级管理人员和一般职工按经营业绩和劳动贡献获取收益，住房分配、养老、医疗及其他福利事业由市场、社会或政府机构承担。

（4）具有合理的组织结构，在生产、供销、财务、研究开发、质量控制、劳动人事等方面形成了行之有效的企业内部管理制度和机制。

（5）有着刚性的预算约束和合理的财务结构，可以通过收购、兼并、联合等方式谋求企业的扩展，经营不善难以为继时，可通过破产、被兼并等方式寻求资产和其他生产要素的再配置。

2.2.21　切忌责权利不对称

责权利是责任、权力、利益的简称。责就是应当担负的责任，是职务岗位上所对应承担的义务，是分内应做的事情。权就是权力，是个人职责范围内的支配力量，利就是取得效益后的利益分配方案。

这个责权利链条包含很多细节。责就是应当担负的责任，是职务上所对应的应承担的义务，是分内应做的事情。权就是权力，是个人职责范围内的支配力量，是国家行政体制与行业业务运行中所赋予特定人（单位）的支配力量。利就是利益，也就是得到的好处，利益有物质的也有精神的。三者的关系是相辅相成、相互制约、相互作用的。一般都说责权利要对等，才能调动积极性。也就是说负有什么样的责任，就应该具有相应的权利，同时应该取得相对称的利益。原则要求是在现实生活中，一般贯彻"责权利相结合"、"责权利对等"或"责权利一致"原则和遵循"责权利统一"机制，要求做到责权利三位一体，即责任、权力、利益均统一于责任承担者一体，责任者既是责任的承担者，也是权力的拥有者和利益的享受者，责权利互相挂钩使成员能够有责有权有利，克服有责无权或有责无利的责权利脱节状况。责权利明晰化，使成员知道具体的责任内容、权力范围和利益大小。

责权利是相辅相成、相互制约、相互作用的。一般都说责权利要对等，才能调动积极性。也就是说负有什么样的责任，就应该具有相应的权利，同时应该取得相对称的利益。因此，现实生产活动中，一般贯彻"责权利相结合"、"责权利对等"或"责权利一致"原则和遵循"责权利统一"机制，并力求做到：责权利三位一体，即责任、权力、利益均统一于责任承担者一体，责任者既是责任的承担者，也是权力的拥有者和利益的享受者。责权利互相挂钩，使成员能够有责有权有利，克服有责无权或有责无利的责权利脱节状况。责权利明晰化，使成员知道具体的责任内容、权力范围和利益大小。

2.2.22　切忌分配"三不公"

三公即公开、公正、公平。所谓公开指事事有个透明度，不能言之凿凿，都是套话、废话、空话。公正指一视同仁，不分亲疏。公平指一碗水端平，平等对人。在分配问题上的首要是阳光下操作！处理好"三公"是个不大不小的原则问题，应当一以贯之，按劳分配。搞好了它对公司的凝聚力、向心力、号召力、发展力至关重要，能起到使公司更高、更强、更大的鼓舞作用。

根据亚当斯的"公平"，人们评价公平的尺度是"报酬/投入"之比。在此，我们将这个尺度改成"利益/责任"之比（简称"责任比值"或"工时报酬率"）。式中"利益"指成员应得或已得的一定时期内的工资、津贴、补贴、奖金、福利性收入之和，"责任"指成员应完成或已完成的相同时期内的责任工时。将各成员的"责利比值"出来，然后进行两两比较。比较中会出现三种情况：

（1）甲成员的"责利比值"等于乙成员的"责利比值"：这是一种理想状况，其结果是甲成员承担的责任与所得利益与乙成员相比是同样的。尽管甲成员所得到的实际利益比乙成员要大得多，但是其所承担的责任也相应地比乙成员要大得多；反之亦然。

（2）甲成员责利关系＝乙成员责利关系。

（3）甲成员的"责利比值"大于乙成员的"责利比值"：这是不公平的，至少对乙来说是如此。即，在甲、乙承担相同责任的条件下，甲所获得的利益要大于乙；或在甲、乙所获得的利益相等的条件下，甲所承担的责任要小于乙。在同一团体内部，由于责、利既定，此时的甲多获利，必是乙少获利，此时的甲少担责任，必是乙多担责任。这直接影响乙的积极性。对乙来说，要求提高分子利益或要求降低分母责任是必然的。甲成员的"责利比值"小于乙成员的"责利比值"：将第二种情况的甲与乙换位即可。

对于第（2）、（3）种情况，团体的管理者要考虑采取一定的措施来加以纠正。需要指出，这种比较分析仅局限于甲、乙两个成员。在团体内部多成员的条件下，这种分析不再适用。这时，需要有一个统一的"责利比值"标准，用各成员的"责利比值"来与之相比，从而确定对成员采取有关措施的力度。统一的"责利比值"是将各成员的利益和责任分别汇总，用团体的利益总量与责任总量相比而得出，即团体的责利比值＝团体的利益总量/团体的责任总量。

2.2.23 切忌知行不一

一个成功的践履者，肯定是一位率先垂范、扭转时风、注重经世致用的人，无论是领导还是职工，都应该知行合一，言而有信，不允许当面一套、背后一套、出尔反尔、虚情假意，这就是王阳明提倡的"知行合一心如镜"的境界。明武宗正德三年（1508），心学集大成者王守仁在贵阳文明书院讲学，首次提出知行合一说。所谓"知行合一"，不是一般的认识和实践的关系。"知"，主要指人的道德意识和思想意念。"行"，主要指人的道德践履和实际行动。因此，知行关系，也就是指的道德意识和道德践履的关系，也包括一些思想意念和实际行动的关系。知行合一强调的是把知落实到行上，挑战对象是大小领导负责人员，标准是"知之真切笃实便是行，行之明觉精查便是知"，这是同一个功夫的不同方面，是"圣人之道，吾性自足"心即理原则的必然推演。现代的实用性，更要符合中国的现代国情，弃旧创新。

2.2.24　切忌缺乏工作效率

工作效率，一般是指工作的投入与产出之比，通俗地讲就是，在进行某个任务时，取得的成绩与所用时间、精力、金钱等的比值。产出大于投入，就是正效率，反之就是负效率。提高工作效率就是要求正效率值不断增大。

通常，各企业对自己员工的工作效率都有一定的要求，若员工的工作效率高，就会为企业带来额外利润。提高工作效率不仅是社会更是我们实现自身价值的重要途径。提高工作效率方法：

（1）保持最佳的工作激情，也可以说是工作意愿，是提高工作效率的前提。

（2）选择正确的工作方向。就是工作目标或工作目的，是一切工作的源头和指导，一定要慎重选择、辨认正确。

（3）选择最好的工作方法。做任何工作都有各种方法可以选择，也许可以殊途同归。在工作前请认真思考什么才是最好的方法，"磨刀不费砍柴工"说的就是这个。

（4）工具的选择和使用。"工欲善其事，必先利其器"，选择好的工具能使得事半功倍，而工具的使用就要求我们不懂莫装懂，能够虚心请教他人。

（5）懂得劳逸结合。无论学习还是工作，劳逸结合是很重要的，它能使人事半功倍。如果为工作操劳过度，影响的不仅仅是身体的健康，也会伴随工作效率的降低。

（6）施行科学的工作计划采用计划管理。结合现实状况、历史状况、行业状况、工作状况等，制定出科学合理的工作计划，施行科学的工作计划是提高工作效率的保障。

（7）引进适用的新设备。就生产方面来说，采用新设备往往都能极大地提高工作效率。

（8）养成良好的工作习惯：高效时间管理方法有：生命规划；要事第一；

每天管理；任务简单；检查追踪；日清日新；杜绝拖延；条理整洁；马上行动；授权等。

综上所述，提高工作效率的途径或许千条万条，这几条应该是比较关键的，因此经理人和企业，最好以此为镜检视自己和企业，取长补短互通有无，学习交流以期真正提高工作效率！改革开放初期，常常听到"时间就是金钱，效率就是生命"的口号。缺乏效率就意味着竞争意识不强，保持公司和工程项目现场的高速运转，使企业的效率超常规得以运行。提高办事速度成为衡量各级次领导人能力的一项指标。

2.2.25 切忌以权谋私、唯利是图

以权谋私："有的党政机关设了许多公司，把国家拨的经费拿去做生意，以权谋私，化公为私。"用手中的权力牟取私利。唯利是图：晋·葛洪《抱朴子》："名过其实，由于夸诳，内抱贪浊，唯利是图。"《左传·成公十三年》："余虽与晋出入，余唯利是视。"指只贪图利益，不顾及其他事。如今以权谋私、唯利是图是工程行业的一大诟病，践踏不正当利益的人，历来为工程界同仁所耻笑，这样的老板和个人层出不穷，虽然遭到主管部门和员工们的唾弃、惩罚与处理，但对国家、公司和个人都带来不可挽回的重大损失。

2.2.26 切忌业务主次不分

"发展是硬道理"企业发展是永恒的主题。如何坚持一业为主、兼顾相关的多元发展培育经济效益增长点，实现集团公司又好又快地发展，其思路大体实施"六大战略"：

（1）坚定实施网络化战略，着力做优做强工程主业：企业发展只能也必然是做优做强主业，主业是做大集团公司规模的引擎。工程承包企业必须充分利用国内外两种资源和国际组织的规则、惯例及项目所在国的方针政策，本着尊重、互利、合作、双赢的原则，开拓进取，发展壮大自己，实现本企业的长远和近期战略规划和经管目标。

（2）坚定实施一业为主、多元发展战略，着力培育新兴业务板块："发展为上，效益为本"。效益是企业可持续发展的不竭动力。集团公司在做优做强主业的同时，必须做足利润。新兴板块不仅是重要的利润来源，更是集团公司持续稳定发展的重要支撑。利润要走产业链的相关业务延伸、联合体、内

外合作发展之路。目前，我国仍然处在市场规模庞大，发展前景广阔的机遇期。力争实现国际、国内两个市场的互动与互补的规模突破。

（3）坚定实施项目带动战略，着力夯实发展基础：实施以做好工程项目带动战略，占领市场创造发展空间是提高集团公司市场竞争力的紧迫任务。集团公司应按照国家和政府相关部门的大政方针，巩固现有基地、拓展新兴基地、以工程建设项目为载体，开展系统内外的联合合作，发挥自身优势在施工总承包的基础上，深入开展工程项目一体化总承包，特别注重科技含量高的工程项目和工程管理项目，力争在重点区域建设集工程施工、采购运输、物流配送、信息化等服务为一体的现代化、全方位的构筑区域竞争优势，进一步夯实发展基础。

（4）坚定实施国际化战略，着力提升工程管理水平：坚定实施"走出去"战略，扩大国际市场经营规模。要充分依托自身实力和优势，积极开拓海外市场，加强与境外企业的合资合作，吸纳国际化的经营和管理理念、理论和实践人才，努力扩大业务规模。通过融资、保理等外汇业务，降低经营成本和风险，提升国际业务运行质量。

（5）坚定实施主业开发战略，着力培育新的经济增长点：当今，工程管理正在向信息化、专业化、集约化、产业化方向发展。特殊工程、高科技工程、技术含量高等高附加值的国内外工程项目方兴未艾，新的承包方式和管理方式正由单一的生产功能向生产、生活要求等多种功能转变。大市场、大项目、大工程、大合作，给工程管理界的创新、一展身手、再造辉煌提供了美好的条件，欧美日等工程跨国公司无一例外地在此进行了实践并取得了经济效益，值得我们借鉴。

（6）坚定实施品牌战略，着力打响本企业品牌：品牌战略对做强、做大企业意义深远。未来国内外市场竞争的主要形式将是品牌的竞争，品牌战略将成为企业在市场竞争中制胜的法宝。许多世界知名企业往往都是把品牌发展看成是企业开拓国际市场的优先战略。国际跨国公司无一不是先从抓品牌战略开始的，即创立属于自己的名牌建筑物，"树碑立传"并把它作为一种开拓市场的手段，最终占领市场的一席之地。品牌是企业的无形资产，是企业赢得利益最大化的捷径！我们应重视树立和打造本集团公司的品牌。对企业形象的有关要素（理念、行为、标牌、视觉）进行全面系统策划、规范，并设计、注册商标、用好品牌。

2.2.27　切忌无忧患意识

忧患意识是一种危机感、责任感、使命感。居安思危、增强忧患意识，是各项事业成功应对国际国内各种风险考验的重要保证。党和政府一再强调并指出："必须居安思危，增强忧患意识，常怀忧党之心，恪尽兴党之责。"我们要全面领会其中的深刻内涵和现实意义，不断增强忧患意识。要正确认清形势，始终保持清醒的头脑和奋发有为的精神状态，忧患意识，是中华民族的生存智慧，是促进国家进步、民族振兴的催化剂和动力源。

忧患意识承载着深厚的民族精神。中华民族是一个饱经忧患的民族，因此在千百年生存发展进程中，它始终强调"生于忧患而死于安乐"；它认识到"祸兮福之所倚，福兮祸之所伏"，强调未雨绸缪，防患未然；它倡导忧国忧民，"先天下之忧而忧，后天下之乐而乐"，以天下为己任，任劳任怨；它将忧患与勤俭和勤政相联系，"居安思危，戒奢以俭"，总结出"忧劳可以兴国，逸豫可以亡身"的宝贵经验教训。在目前国内外经济发展有许多不确定因素的大背景下，树立忧患意识、应对处理危机是克服当前不确定因素，使企业步入健康发展轨道的一项十分重要的工作。

2.2.28　切忌违法经营

工程项目所在国有对工程项目相关的法律法规进行管理。公司必须依法合规经营，这是一条极为重要的国际规则，通俗讲就是人治与法治的问题。特别在国外，工程合同非常严密，法律非常健全，没有人去违法做事，那就是一个法的国家。而我们往往习惯于人治的成分多。发达国家及发达国家统治的地区有几百年或几十年的经验积累，详细的操作规程和完美的规范。如果我们把先进的东西拿进来，通过几年或5～10年的时间提高，就达到国外同样的境界。国外的先进经验主要集中在基础性的东西上，包括公司人员的管理，国外公司每个人的工作职责都已明确写在合同里，用什么去做，做到什么程度，都规定得非常细致。我们可以借鉴这种做法，努力去把工作做细。国外的合同是法律性、操作性、具体性的；合同里很明白、很具体，按合同办就是了。

我们的合同文本必须全部引进、消化、吸纳这种先进的合同格式，对于市场化运作有极大的促进作用。这实质上也是个观念问题，过去我们较多地讲竞争，似乎只有竞争才是市场化，其实不然，只有合作共赢，只有整合社会优秀力量，只有真正形成利益共同体，才会真正地赢。在这方面，中国公司很值得向国际上的欧美日韩等大跨国公司学习。

2. 2. 29　切忌人心不齐

（1）企业管理应以人为本，以激励调动发挥人的主观能动性为主体。以人为本的科学内涵需要从两个方面来把握。首先是"人"这个概念。"人"在哲学上，常常和两个东西相对，一个是神，一个是物，人是相对于神和物而言的。因此，提出以人为本，要么是相对于以神为本，要么是相对于以物为本。大致说来，西方早期的人本思想，主要是相对于神本思想，主张用人性反对神性，用人权反对神权，强调把人的价值放到首位。中国历史上的人本思想，主要是强调人贵于物，"天地万物，唯人为贵"。《论语》记载，马棚失火，孔子问伤人了吗？不问马。说明在孔子看来，人比马重要。在现代社会，无论是西方还是中国，作为一种发展观，人本思想都主要是相对于物本思想而提出来的。其次是"本"这个概念。"本"在哲学上可以有两种理解，一种是世界的"本原"，一种是事物的"根本"。以人为本的本，不是"本原"的本，是"根本"的本，它与"末"相对。以人为本，是哲学价值论概念，不是哲学本体论概念。提出以人为本，不是要回答什么是世界的本原，人、神、物之间，谁产生谁，谁是第一性、谁是第二性的问题，而是要回答在我们生活的这个世界上，什么最重要、什么最根本、什么最值得我们关注。以人为本，就是说，与神、与物相比，人更重要、更根本，不能本末倒置，不能舍本求末。我们大家所熟悉的"百年大计，教育为本；教育大计，教师为本"等，都是从"根本"这个意义上理解和使用"本"这个概念的。

（2）"得人心者得人才，得人才者得市场，得市场者得天下。""求才之道须如白圭之治生，如鹰隼之击物，不得不休"，"取笃实践履之士"，重视人、关心人、培养人、满足员工们的合理的个性要求，使员工们在集团公司间，人人担当责任，以效忠犬马之劳为奋斗生涯。时下，重视人才，团结、调动、激励人才干事创业，成为全社会的普遍共识。但实际工作中，对人才仍然重视不够，甚至个别地方还面临着"孔雀外飞"、人才培养"为他人作嫁衣"的困扰。究其原因，除待遇低、人才发挥作用舞台小外，根本原因是没有真正树立以人为本的科学人才观，缺乏诚心实意用才、留才的理念，往往是嘴上讲起来重要，行动上做起来次要，一旦忙起来就不要，不能以情感人、以情留人。俗话说：士为知己者死。得人才者得天下，得人心者得人才，故文王渭水访太公，开大周八百年基业，刘备三顾茅庐于诸葛亮，有魏蜀吴三国鼎立。要留得住人才，更须重视通过情感投入和人文关怀来实现目标，做到留人先留心。

一要更新观念重人才。要树立和落实"五破五立"人才观，破除重物轻人的观念、强化人才难求的思想，破除求全责备的观念、强化用当其长的思想，破除论资排辈的观念、强化选贤任能的思想，破除重用轻育的观念、强化育人为先的思想，破除自我封闭的观念、强化开放求贤的思想，真心实意与人才交朋友，尊重他们的个性，包容他们的差异，宽容他们的失误。要加大宣传力度，积极营造宽松和谐的干事创业环境和氛围，使人才的创造性劳动得到社会认可和尊重，心灵上感受到信赖和荣耀。

二要健全机制活人才。人才看重的是发展机遇和发展空间，越是高层次人才，越看重事业发展。要改变重引、轻用的现象，破除阻碍人才发挥作用的各种樊篱，用环境凝聚人才、用机制激励人才、用法制保障人才、用事业造就人才，让引进的人才有机会领衔或参与地方重大工程项目和发展项目，使他们能一展拳脚、大有用武之地。

三要优化环境聚人才。要在生活、服务等方面开辟"绿色通道"，让人才工作称心、生活舒心。要经常与他们交心谈心，认真听取他们的意见和建议，在感情上亲近他们，在爱好上尊重他们，在工作上支持他们，在生活上关心他们，切实解决他们的实际困难，消除他们的后顾之忧，真正实现待遇招人、事业用人、情谊感人、服务留人，让地方发展形成环境洼池、人才高地。

（3）俗语曰：人心齐泰山移，黄土变成金。"君子之道，或出或处，或默或语，二人同心，其利断金；同心之言，其臭如兰。"（易经·系辞上传），一个团体如目标一致、意志相同，其锋利足以切断金属；团体环境会像兰花般那么气味芬芳。

2.2.30 切忌未尽社会义务

社会义务指一个企业在完成工程项目的同时，所承担和服务社会的经济和法律责任。落实到个人亦应对社会承担的责任与义务，不可推卸必须服从。经济责任指公司生产、盈利、满足雇主需求的责任。其核心是公司创造利润、实现价值的能力。公司的经济责任表现可以通过财务、产品服务、治理结构三个方面进行考察。法律责任指公司履行工程项目合同法律法规各项义务的责任。该项责任可以通过税收责任和雇主责任两个方面进行考察落实。社会责任感是在一个特定的社会条件和状态下，公司乃至个人在心里和感觉上对其道德伦理关怀和义务。如国内外的贫困地区，在工程项目交付使用的同时特别需要关照其环境及其民生配套项目等。这是一个相辅相成、不可分割的整体。由于各国各地区社会发展不平衡，根据联合国宪章等文件规定，支援不发达地区可不能简单地认为纯粹是一种经济问题，处理不妥也会变成政治化。所以我们一定要有社会责任和责任感，而不仅仅是为公司的目标而努力，这样才能使工程项目实施变得更加顺利。

2.2.31　切忌经济效益不高

企业经济效益是指企业的生产总值同生产成本之间的比例关系。对企业来说，经济效益是企业一切经济活动的根本出发点。提高经济效益，有利于增强企业的市场竞争力。企业要发展，必须降低劳动消耗，以最小的投入获得最大的效益。对国民来说（包括团队、个人），提高经济效益，才能充分利用有限的资源创造更多的社会财富，满足工程项目所在国人民的物质和文化生活的需要的同时也惠誉团队与个人。对国家和社会来说，提高经济效益，搞好国有大中型企业，才能为增强综合国力作出贡献。提高企业经济效益的方法和途径：一要依靠科技，使企业的经济增长方式由粗放型向集约型转变。二要靠现代化的有效管理，向集约型经济增长方式或称内涵型增长方式发展，就是指在外部规模不扩大，人员、设备不增加的前提下，主要依靠采用先进技术和工艺，改进机器设备，提高劳动产品的科技含量的方式来增加国民经济总量。总之，科学技术是第一生产力，科学技术的进步对企业经济效益提高的贡献率是十分直接的。采用现代管理方法、提高经营管理水平是提高企业经济效益的主要方法，科学的管理也是现代企业制度的重要内容。企业经营中涉及产品结构调整、市场开发、人力资源配置、产品质量等一系列环节，在经济管理中能不能分清经营中的"大石块"并首先处理好，是一个企业管理科学与否的问题。只有这样才能提高企业的经济效益。

可见，提高经济效益的另一条途径是现代化的有效管理。管理和科技二者本身就是不可分割、相互依赖、相互促进的。因为管理本身就是一门科学，提高管理水平也需要先进的科学技术和手段，而管理水平的提高也有利于先进技术的有效使用。所以，如果说提高经济效益是企业一切经济活动的根本出发点，是企业生产的最大目的的话，那么依靠科技和管理则是达到这一目的的两种方法和途径，它们是一致的，只是两个不同侧面而已。

（1）运用科学的企业管理手段，有效地发挥人力、物力等各种资源的效能，以最小的消耗、生产出最多的适应市场需要的产品，有利于企业提高经济效益。

（2）作为企业的组织者和经营者，既要合理安排企业，又要从我国的基本国情出发，遵循价值规律，适时适宜地组织企业生产，把握市场信息，了解市场行情，提高产品质量，搞好售后服务等。

（3）谁抓住了科技牛耳，谁就抢占了经济发展的制高点。世界经济竞争实质就是科技水平的竞争，而科技竞争其实就是人才的竞争，科技和人才是兴国之本，要牢牢树立人力资源是第一资源的战略观念。

竞争是市场经济的永恒规律，市场是检验企业经营管理的试金石，企业经营成功，就能在激烈的竞争中求得生存和发展；如果经营管理不善，就会在激烈的市场竞争中遭淘汰。提高企业经济效益，要求在保证工程质量的前提下尽可能减少劳动消耗，使生产商品的个别劳动时间低于社会必要劳动时间，反之，则经济效益低下。企业要提高经济效益，还要不断提高劳动生产率，降低成本，以较少的劳动消耗生产尽量多的劳动产品；否则企业经济效益也不会提高。提高企业经济效益还必须遵循速度和效益相统一的原则，正确处理好两者之间的关系，走出一条既有较高速度又有较好效益的国民经济发展的新路子。

2.2.32　切忌不善交际

人际关系：社会学将人际关系定义为人们在生产或生活活动过程中所建立的一种社会关系。心理学将人际关系定义为人与人在交往中建立的直接的心理上的联系。中文常指人与人交往关系的总称，也被称为"人际交往"，包括亲属关系、朋友关系、学友（同学）关系、师生关系、雇佣关系、战友关系、同事及领导与被领导关系等。人是社会动物，每个个体均有其独特之思想、背景、态度、个性、行为模式及价值观，然而人际关系对每个人的情绪、生活、工作有很大的影响，甚至对组织气氛、组织沟通、组织运作、组织效率及个人与组织之关系均有极大的影响。人际交往遵循相互性原则、交换性原则、自我价值保护原则、平等原则、相容原则和信用原则。特点是个体性、直接性、情感性。

人际关系有许多不同之定义，此将较具代表性的如下面列出并做比较：人与人之间相互认知，因而产生的吸引或排拒，合作或竞争，领导或服从等关系；指在某一段时间里与某人经常保持的社会接触；人与人之间，相互交往的过程，借由思想，感情，行为表现的相互交流，而产生的互动关系；个人与个人之间的互动关系，更广义的人际关系包含文化制度模式与过程方面亦是社会关系；人际关系可说是人与人之间，在一段过程中，彼此借由思想、感情、行为所表现的吸引、排拒、合作、竞争、领导、服从等互动之关系，广义地说亦包含文化制度模式与社会关系；人际关系是人与人在交往中建立的直接的心理上的联系。

人际关系极为重要，其重要性可见于下列四点：它是人之基本社会需求、它可助人自我了解，它可达到自我实践与肯定，它可用以自我检定社会心理是否健康。它是人与人在交往中建立的直接的心理上的关系。其特点是：一是个体性：在人际关系中，角色退居到次要地位，而对方是不是自己所喜欢或愿意亲近的人成为主要问题。二是直接性：人际关系是人们在面对面的交往过程中形成的，个体可切实感受到它的存在。没有直接的接触和交往不会产生人际关系，人际关系一经建立，一定会被人们直接体验到。人们在心理上的距离趋近，个体会感到心情舒畅，如若有矛盾和冲突，则会感到孤立和抑郁。三是情感性：人际关系的基础是人们彼此间的情感活动。情感因素是人际关系的主要成分。人际间的情感倾向有两类：一类是使彼此接近和相互吸引的情感；另一类是使人们互相排斥分离的情感。人际关系八种类型如图 2-15 所示。

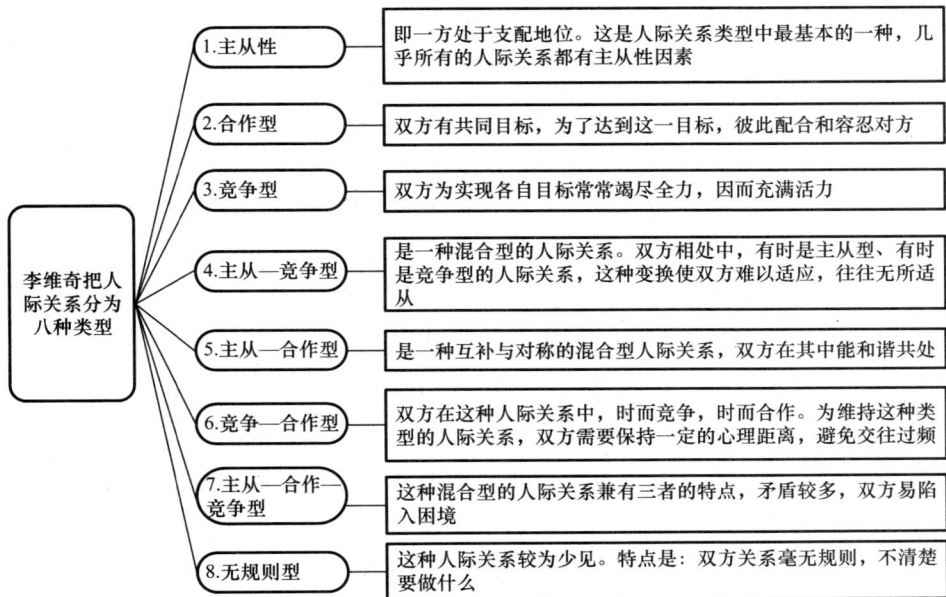

图 2-15　人际关系八种类型

奥尔特曼和泰勒认为，良好的人际关系的建立和发展，从交往由浅入深的角度来看，一般需要经过定向、情感探索、感情交流和稳定交往四个阶段。定向阶段：该阶段包含着对交往对象的注意，抉择和初步沟通等多方面的心理活动。人际关系的定向阶段，其时间跨度随不同的情况而不同；情感探索阶段：人们的话题仍避免触及别人私密性的领域，自我暴露也不涉及自己根本的方面。尽管在这一阶段人们在双方关系上已开始有一定程度的情感卷入，具有很大的正式交往特征，彼此还都仍然注意自己表现的规范性；感情交流阶段：双方的表现已经超出正式交往的范围，正式交往模式的压力已经趋于消失。此时，人们会相互提供真实的评价性的反馈信息，提供建议，彼此进行真诚的赞赏和批评；稳定交往阶段：在实际生活中，很少有人达到这一情感层次的友谊关系。许多人同别人的关系并没有在感情交流阶段的基础上进一步发展，而是仅仅在感情交流阶段的同一水平上简单重复。

2.2.33 切忌不善理财

治理财物统称理财。"理财"一词，最早 20 世纪 90 年代初期见诸报端。随着中国股票债券市场的扩容，商业银行、零售业务的日趋丰富和个人总体收入的逐年上升，"理财"概念逐渐走俏。一般人谈到理财，想到的不是投资就是赚钱。实际上理财的范围很广，理财是工程项目的现金流量及其风险管理。包含以下含义：理财不单是解决燃眉之急的资财问题而已；理财是现金流量管理，每一项工程都需要理财；理财也涵盖了风险管理。因为未来的更多流量具有不确定性，包括人身风险、财产风险与市场风险，都会影响到现金流入（收入中断风险）或现金流出（费用递增风险）。就要靠钱的资源产生理财收入或变现资产来支应工程项目所需。包含：紧急预备金：保有一笔现金以备经常性支出或不时之需；投资：可用来滋生理财收入的投资工具组合；置产：购置工程项目组办公、实施项目使用价值的资产。

对项目管理而言，理财指对工程项目的财务管理，主要包括资金管理、财务控制、财务状况分析等。无论是企业还是项目组都要建立全面预算总体框架的概念、建立预算编制流程和预算编制体系，建立经济责任成本核算体系。根据控制论观点，任何一项控制活动都应由实施控制的主体和承受控制活动的对象所组成（控制与被控制），控制是对企业投资计划和项目组的资金流动进行约束和调节，使它按照既定的大目标、子目标和运行轨迹运作，确保公司、项目组的财务链（财务控制、财务预测、财务预算、财务分析）的正常循环，这是企业经济活动系统中连续性、系统性和综合性最重要的控制、考核、保证、监督和协调作用。

2.2.34　切忌不能与国际接轨

改革开放以来使用频率最高的就是"与国际接轨"，说得具体点就是与国际惯例和国际标准接轨。纵观世界各国的发展轨迹，几乎都有一个从易到难、从少到多、从局部到整体的接轨过程。WTO 就是一个鼓励各个国家在对外贸易方面逐步接轨的国际组织，中国加入 WTO 以实际行动表明了我们这个东方大国自觉主动与国际接轨的决心和诚意。欧盟的崛起也标志着大多数欧洲国家已在经济、政治、贸易、技术等多方面实现了接轨。在经济全球化的今天，接轨已成为历史发展的大趋势。它是指一个国家的经济、商务、工程、文化等所有相关内容与当今国际社会的大环境相统一，通俗地讲，就是使一个国家的一切事物与国际上的事物连接到一个"轨道"上，这个"轨道"也可以称为国际标准化，从而使全球的事物发展得到统一化。任何行为一定要在大背景下做选择，一定要看清大势、大背景。这样可减少盲目和短视行为。

2.2.35　切忌班子不和谐

坚持"抓班子、带队伍、促管控、保安全"是工程管理的总体思路。在领导班子建设方面，要做大量卓有成效的工作，提高干部队伍的整体素质。必须清醒地看到，在新的形势任务面前，一些公司的领导班子也确实存在着急于解决的问题。俗话说："火车跑得快，全靠车头带。"只有建设"政治坚定、开拓创新、团结协调、廉政勤政"的领导班子，不断提高领导班子科学判断形势、准确把握大局、驾驭复杂局面和严格合同履约的能力，才能带出过硬的队伍。彻底改变"各敲各的磬，各行各的令"的局面。领导班子建设至少考虑：

（1）选准选好一把手是关键。中组部再三强调加强党政正职干部管理，并特别指出"选好配强一把手"。这说明党中央对党政正职干部管理的决心和一把手的重要性。一把手处于核心地位，权力大、责任大、影响大。选一把手的标准应当是德才兼备、政治上强的干部，善谋全局、能力突出的干部，作风民主、坚持原则的干部，勤政为民、清正廉洁的干部。特别是当前我国正处于发展的重要战略机遇期，又处于社会矛盾凸显期，很需要一把手具有领导科学发展、驾驭复杂局面、处理棘手问题的本领。

（2）各级领导班必须坚持以科学发展观为指导，严格坚持德才兼备标准，注重政治立场坚定，业务能力强，群众基础好，具备开拓创新意识和驾驭复杂局势能力，办事公道、清正廉洁、感召力强。

（3）必须过好三关：一是理想信念关，二是权力关，三是利益关。树立正确的地位观、权力观、利益观。率先垂范做到权为民所系，利为民所谋。

（4）着力提高强化创新能力。创新是一种观念、一种责任、一份风险、一个挑战；是压力，也是动力；是机遇，也是希望。创新思维，就是要善于从开拓性、预见性、超前性来思考问题，并能把握好机遇与挑战、继承与创新、与时俱进与稳步前进的辩证关系，在解决新课题的实践中能及时抓住机遇，实现目标创新。

（5）大幅度的作风建设，其关键是在领导班子内部要坚持和健全民主集中制。重大问题的决定，要充分酝酿、协商和讨论，并按照少数服从多数的原则表决。对集体的决定，任何人无权改变，个人或少数人有不同意见允许保留，但必须无条件服从，并在行动上积极执行。

（6）着力强化廉政勤政建设。在日常生活中要做到四个管住：一是管住自己的头，不该想的不想，别人富了眼不红，别人穷了心不安。二是管住自己的嘴，不该吃的不吃，吃了人家嘴软。三是管住自己的手，不该拿的不拿，"君子爱财，取之有道"。四是管住自己的脚，不该去的地方坚决不去，切实经受住各种诱惑和考验，以艰苦奋斗的精神去工作、生活、做人，保持清正廉洁，反对消极腐败。

2.2.36　切忌党建不强

全面加强党的建设，进一步发挥好各级党组织凝聚人心、推动发展、促进和谐的作用，不断开创工程开拓发展的新局面。要崇尚实干，崇尚埋头苦干，认真做到讲实话、办实事、求实效、动真情。要善于研究新情况，解决新问题，开辟新思路。要坚持改革创新，在探索新思路、新方法，解决新矛盾上下功夫，不断提高党建工作水平。要坚持正确的政绩观和群众观，进一步强化一切为了群众、一切依靠群众和改革发展成果由群众共享的意识。要坚持标本兼治、综合治理、惩防并举、注重预防的方针，建立健全教育、制度、监督并重的惩治和预防腐败体系，不断加强党风廉政建设。

2.2.37　切忌缺乏创新能力

创新与创新思维。什么叫创新呢？创新是对当今世界，在我们国家出现频率非常高的一个词，企业家、政府官员，我们大学教授，我们在座的同学，几乎都念念有词，同时，创新它又是一个非常古老的词。它原意有三层含义：第一，更新；第二，创造新的东西。第三，改变。那创新作为一种理论，它的形成是在 20 世纪的事情。由一个学经济学、学管理学，大家比较熟悉的一个人，美国哈佛大学教授熊彼特，1912 年他第一次把创新引入了经济领域。创新思维是指以新颖独创的方法解决问题的思维过程，通过这种思维能突破常规思维的界限，以超常规甚至反常规的方法、视角去思考问题，提出与众不同的解决方案，从而产生新颖的、独到的、有社会意义的思维成果。什么是创新能力？创新能力按更习惯的说法也称为创新力。创新能力按主体分，最常提及的有国家创新能力、区域创新能力、企业创新能力等，并且存在多个衡量创新能力的创新指数的排名。古代伟大的文人苏轼曾经说过"出新意于法度之中，寄妙理于豪放之外"，充分表达了创新的含义。"创新之父"熊彼特认为：创新就是"建立一种新的生产函数"，即把一种从来没有过的关于生产要素和生产条件的新组合引入生产体系。管理大师彼得·德鲁克则指出："创新的行动就是赋予资源以创造财富的新能力。事实上，凡是能改变已有资源的财富创新潜力的行为，创造出新资源（理论、技术、设备）就是创新。"因此，企业创新能力就是企业在市场中将企业要素资源进行有效的内在变革，从而提高其内在素质、驱动企业获得更多的与其他竞争企业的差异性的能力，这种差异性最终表现为企业在市场上所能获得的竞争优势。企业创新能力的提升是企业竞争力提高的标志，创新能力的高低，直接关系到一个企业竞争力的强弱。创新能力强的企业，其竞争力也强，反之亦然。企业创新主要包括的工作有以下几方面：

（1）发展战略创新。指实现企业发展战略创新而制定新的经营内容、新的经营手段、新的人事框架、新的管理体制、新的经营策略等。

（2）产品（服务）创新。这对于生产企业来说，是产品创新；对于服务行业而言，主要是服务创新。

（3）技术创新。技术创新是企业发展的源泉，竞争的根本。就一个企业而言，技术创新不仅指商业性地应用自主创新的技术，还可以是创新地应用合法取得的、他方开发的新技术或已进入公有领域的技术，从而创造市场优势。

（4）组织与制度创新。主要有三种：一是以组织结构为重点的变革和创新，如重新划分或合并部门、组织流程改造、改变岗位及岗位职责、调整管理幅度等。二是以人为重点的变革和创新，即改变员工的观念和态度，包括知识的更新、态度的变革、个人行为乃至整个群体行为的变革等。三是以任务和技术为重点的创新，即对任务重新组合分配，并通过更新设备，技术创新等，来达到组织创新的目的。

（5）管理创新。世上没有一成不变的最好的管理方法。管理方法往往因环境情况和被管理者的改变而改变，这种改变在一定程度上就是管理创新。

（6）营销创新。是指营销策略、渠道、方法、广告促销策划等方面的创新。

（7）文化创新。文化创新是指企业文化的创新。企业文化的与时俱进和适时创新，能使企业文化一直处于一种动态的发展过程。

这不仅可以维系企业的发展，更可以给企业带来新的历史使命和时代意义。创新的过程都是在引进、吸收、对比、识别、杂交、重构、触类旁通、举一反三、提炼综合等创造实现的。古语"法乎其上取乎其中，法乎其中取乎其下。"我们需要人人都有大师们的思路，力求法乎其上在工程项目中有所创新。

2.2.38 切忌忽略个人修养

就是人在个体心灵深处经历自我认识、自我解剖、自我教育和自我提高的过程后所达成的境界，主要包括20个字的内容，即：仁义礼智信，温良恭俭让，忠孝悌慎廉，勤正刚直勇。个人修养作为一种无形的力量，约束着我们的行为。任何一个人只有具有良好的个人修养，才会被人们所尊重。当然，个人修养的内容并不是一成不变的，它随着社会的发展及人生实践活动的深入也会变得更加丰富多彩。关于个人修养的讨论和研究，从很早的时候就开始了，古人曾经就提出过"修身养性"。个人修养就是个人认识、情感、意志、信念、言行和习惯的修炼和涵养。一个人只有通过自觉地遵循社会道德体系的要求，更好地履行个人的社会义务，并不断地提升个人的人生境界，才能修养成良好的内在素质，即所谓个人修养高尚。主要内涵包括：

（1）修身：就是使自己的心灵得到净化、纯洁。在道德、情操、理想、意志等各个方面能够保持良好的修炼心态，持之以恒，修身终生。

（2）养性：就是使自己的本性不受损害。通过自我反省体察，使身心达到完美的境界。个人修身养性不仅饱含了为人、修身、处世的智慧，还包含着始终要有一颗平常心去应对日常的烦恼和不幸。

（3）戒生气：古人云："气大伤身"。生气是人类负面情绪中的一种宣泄，一个人如果经常生气，就会使身心受到损害。

（4）戒自卑：自卑可以轻而易举地摧毁一个人，戒自卑能使人因自强而崛起。

（5）戒嫉妒：与其将有限的精力消耗在嫉妒他人的成功上，不如抓住时机，仿照他人，做一些实事。

（6）戒小人：小人不但对我们的人生之路毫无帮助，反而会成为一块在关键时刻让你跌倒的绊脚石。

（7）戒诱惑：我们要力戒权力、金钱、美色等各种诱惑，不断完善自身素质，加强个人修养，提高道德品质，同时保持一份健康平和的心态。

（8）戒暴怒：暴怒容易使人失去理智，所以，一定要学会控制自己的情绪。一次暴躁带来的后果有时是终生后悔的。

（9）平和心态：静坐当思自身过，闲谈莫论他人非。敬君子方显有德，避小人不算无能。退一步海阔天空，让三分心平气和。

（10）修身之道：一身浩然气，二袖清白风，三分傲霜骨，四时读写勤，五谷吃得香，六神常安定，七情有节制，八方广结缘，九有凌云志，十足和善心。

2.2.39　切忌心理素质脆弱

在国内外的工程管理者中，常常发现有的心理脆弱的现象，如，心胸狭窄、好走极端、自信不足、自卑有余、合作不畅等等。心理素质是人的整体素质的组成部分。以自然素质为基础，在后天环境、教育、实践活动等因素的影响下逐步发生、发展起来的。心理素质是人的身体、心理和社会素质之一，是先天因素与后天因素的"合金"。从心理学角度讲：心理素质包括情感、信心、意志力和韧性等等。一个人的心理素质是在先天素质的基础上，经过后天的环境与教育的影响而逐步形成的。心理素质包括人的认识能力、情绪和情感品质、意志品质、气质和性格等个性品质诸方面。21 世纪的今天，心理素质显得越来越重要，也成为社会和时代的要求。根据上述心理素质应由四个方面构成：

一是心理潜能：国内外的一般共识是，每个人生来都具有一定的潜能，特别是现代人本主义心理学家还肯定，每个人生来都具有优秀的潜能，"天生我才必有用"；都急于把自己的潜能发挥出来或得以实现；只要自己努力都可以充分发挥或实现自己的潜能。潜能并不神秘，它是人的心理素质乃至社会素质赖以形成与发展的前提条件或某种可能性。或者说，正因为人具有一定的潜能，所以就能把他们培养成为真正的人。

二是心理能量：亦称心理力量或心理能力，也可简称为能或力。这种心理能量乃是人的心理素质的体现，也是用意识来调节的能量作用，其大小强弱也能够反映出一个人的心理素质水平。

三是心理特点：是指事物本身所固有的某种东西。人的心理活动具有自己的特点，可以把它归结为六对：客观性与主观性的统一、受动性与能动性的统一、自然性与社会性的统一、共同性与差别性的统一、质量与数量的统一、时空性与超时空性的统一、人的各种心理现象也具有各自的特点，如感知的直接性与具体性，思维的间接性与概括性，情感的波动性与感染性，意志的目的性与调控性，等等。心理特点也是心理素质的具体标志。

四是心理行为：人们无论简单的行为还是复杂的行为，归根结底都受人的心理的支配，都是人的心理的外部表现。因此，从这个意义上说，人的一切行为都可以称为心理行为。这种心理行为是心理素质的标志，通过它可以检验心理素质水平的高低。而且，前述心理素质的组成因素如心理潜能、能量、特点、品质等，也都会明显地或不明显地在行为上反映出来。可见，心理行为是构成心理素质的一个重要成分。

上述可见，心理潜能、心理能量、心理特点、心理行为的有机结合，称为心理素质。就是说，所谓培养心理素质，就是要发挥、发展、培养、提高、训练智力与非智力因素的潜能、能量、特点、品质与行为。马斯洛认为良好的心理素质表现为：一是具有充分的适应力；二是能充分了解自己并做出适度的评价；三是生活的目标切合实际；四是不脱离现实环境；五是能保持人格的完整与和谐；六是善于从经验中学习；七是能保持良好的人际关系；八是适度地发泄情绪和控制情绪；九是在不违背集体利益的前提下有限度地发挥个性；十是在不违背社会规范的前提下恰当地满足个人的基本需求。

增强心理素质的方法是：

（1）自我肯定。人要不断地否定和肯定自己才能进步，自我肯定保持坚定的信念，往往是事业成功的关键。

（2）抛弃自卑。自卑需要三个条件：一是缺乏成功的体验；二是缺乏客观公正的评估；三是自我评估偏颇。要抛弃自卑，首先要战胜自我，为自己树立一个目标，要有坚强的信念，相信自己的能力，同时要对自己有一个科学、合理的评估。

（3）增强自信。

（4）心理调节和情绪调节。

提高心理素质具体来说要从七个方面入手：包括自我意识训练、智力训练、情感调控、意志培养、个性塑造、学习指导和交往指导等。如，自我意识是对自己身心活动的觉察，即自己对自己的认识，自己的生理状况、身心状况、心理特征以及自己与他人的关系。由于个体能洞察自己的一切，因而能对自己的行为进行调节和控制。自我意识的成熟被认为是个性基本形成的标志，它在人的社会化过程中具有相当重要的地位。自我意识是个体社会化的结果，同时，自我意识的形成和发展又进一步推动个体的社会化。由于自我意识在人发展过程中是循序渐进进行的，是在自我认识、自我体验和自我调控三种心理成分相互影响、相互制约的过程中发展的，所以，心理素质教育是在其自我意识发展规律的基础上，结合我们的日常生活、学习和实践，促进我们认识自我、评价自我、体验自我和调整自我，促使自我意识健康发展。

2.2.40　切忌精、气、神不足

精气神真好的口头语蕴藏了中华民族传统文化的真谛！通常所谓精气神，精是生命起源、气是生命动力、神是生命体现。道家说"天有三宝日月星，人有三宝精气神。"无论是个人还是企业都应具备精气神充盈饱满的状态。个人具精气神，他能平衡阴阳、强健身体、未病先防、延年益寿、多做贡献。企业有精气神，他能凝聚力量、开拓进取、趋利避险、"内胜外王"。精、气、神本是古代哲学中的概念，是指形成宇宙万物的原始物质，含有元素的意思。中医认为精、气、神是人体生命活动的根本。

什么是精？精是构成人体、维持人体生命活动的物质基础。从广义上说，精包括精、血、津液，一般所说的精是指人体的真阴，且能抵抗外界各种不良因素影响而免于发生疾病。因此阴精充盛不仅生长发育正常，而且抗病能力也强。古人云："肾为先天之本，脾胃为后天之本"。人脾胃功能的强健是保养精气的关键，合理的食补和药补对于身体的保养是很重要的。

什么是气？气是生命活动的原动力。气有两个含义，既是运行于体内微小难见的物质，又是人体各脏腑器官活动的能力。因此中医所说的气，既是

物质，又是功能。

什么是神？神是精神、意志、知觉、运动等一切生命活动的最高统帅。它包括魂、魄、意、志、思、虑、智等活动，通过这些活动能够体现人的健康情况。神充则身强，神衰则身弱，神存则能生，神去则会死。中医治病时，用观察病人的"神"，来判断病人的预后，有神气的，预后良好；没有神气的，预后不良。精、气、神三者之间是相互滋生、相互助长的、关系很密切。

从中医学讲，人的生命起源是"精"，维持生命的动力是"气"，而生命的体现就是"神"的活动。所以说精充气足，气足神旺；精亏气虚，气虚神少。中医评定一个人的健康或是疾病顺逆，都是从这三方面考虑的。

2.2.41　切忌不能运用《孙子兵法》

软实力概念的首倡者约瑟夫·奈认为软实力和孙子有关，如孙子名言"知己知彼，百战不殆"已影响世界。孙子兵法中有许多可以应用于工程管理的原则，如道、天、地、将、法五要素在工程管理中的作用，这五个字是孙子兵法中取得每战必胜的基本因素。这五个因素对工程管理同等重要。道是指上下同心，所做的事情合乎道义，对社会有益有利。建筑物、环境保护、景观美化等等，都有社会效益，增进人们的福祉，就是有"道"。"天"在兵法中是说天气因素，寒暑阴晴和四季变化。工程管理人员必须要注意天气的变化并作出相应的对策，抓住施工的"黄金季节"掌握先机安排工程计划，避免恶劣天气影响。"天"在现代工程管理中，还有一个含义就是指大的经济趋势和社会综合因素的影响。例如政府立项、国内其他因素、国际多方面环境等影响。"地"是指地形地势、道路交通，这在工程管理中，主要是要合理安排好施工场地和施工顺序。所谓"几通一平"，此点对于工程实施异常关键，它关系到工程进度的推进、工程成本的增减，甚至可以决定项目的成败。这些条件是动态的变化的，项目实施时要事前谋划好大的方向，事中根据发展及时调整和变通，才能保证工程顺利进行并圆满收尾。否则，很容易产生东挪西倒、大船调头的现象，增加成本，影响工期。"将"是指战争中的将领，工程中的项目经理。孙子兵法中要求将要具备智、信、仁、勇、严五项素质；工程项目经理同样要具备这样几点，要有智谋、信实、仁爱、勇敢和严明等五种品格。有智谋才能解决问题；有信用、为人实在才能和相关部门、人员配合好；有仁爱、勇敢才能得到下属的拥戴；有严明的品格才能为下属做出表率，并且约束好下属的行为。"法"在兵法中是指军队的组织编制、士兵的管理与军需物资的掌管使用。在工程管理上，法体现在招标、合同、施工组织设计、工程管理条例等方面。"凡此五者，将莫不闻，知之者胜，不知之者不胜。"孙子要求将领必须全面通晓，我们在工程管理中以上五点也必须全了解。再如"兵闻拙速，未睹巧之久"，是要求尽量缩短工程期限，哪怕看起来费劲的做法，只要最终能尽快达成目标，就不要计较眼前一城一池的得失了，否则任凭你指挥巧妙，但工期旷日持久，仍然不算高明。"兵无常势，水无常形，能因敌变化而取胜"，则要求工程管理人员对问题要灵活机动，不能墨守成规，应详细了解实际情况，根据不同形势作出自己的决定，从而达成目标。"将听吾计，用之必胜，留之；将不听吾计，用之必败，去之。"这是对用人的断言。

2.2.42　切忌集团公司无战略规划

所谓战略规划，就是制定组织的长期目标并将其付诸实施，它是一个正式的过程和仪式。一些大企业都有意识地对 3～5 年甚至更长期的事情做出规划。制定战略规划分为三个阶段，第一个阶段是确定目标，即企业在未来的发展过程中，要应对各种变化所要达到的目标。第二阶段是要制定这个规划，当目标确定了以后，考虑使用什么手段、什么措施、什么方法来达到这个目标，这就是战略规划。第三阶段是将战略规划形成文本，以备评估、审批，如果审批未能通过的话，那可能还需要多个迭代的过程，需要考虑怎么修正。

企业常见的战略规划主要问题：①缺乏长远发展规划，没有清晰的发展战略和竞争战略；②战略决策随意性较大，缺乏科学的决策机制；③领导兢兢业业，员工任劳任怨，但是企业就是停滞不前；④对公司战略的判断仅仅依靠领导者和管理者个人的直觉和经验；⑤对市场和竞争环境的认识不足，缺乏量化的客观分析；⑥盲目追逐市场热点，企业投资过度多元化导致资源分散，管理混乱；⑦企业上下对未来发展方向没有达成共识，内部存在较大的分歧；⑧战略制定没有在组织内部充分沟通和交流，导致既定战略缺乏组织内部的理解和支持；⑨战略目标没有进行充分分解，也没有具体的行动计划，无法落实到日常经营管理活动中成为空中楼阁；⑩缺乏有效的战略执行手段和保障措施，在组织结构、人力资源规划、财务政策等方面与战略脱节等。概括地说，企业进行战略规划主要目的包括：剖析企业外部环境；了解企业内部优势和劣势；帮助企业迎接未来的挑战；提供企业未来明确的目标及方向；使企业每个成员明白企业的目标；拥有完善战略经营体系的企业比没有该体系的企业有更高的成功机率。

战略规划有效性包括两个方面，一方面是战略正确与否，正确的战略应当做到组织资源和环境的良好匹配；另一方面是战略是否适合于该组织的管理过程，也就是和组织活动匹配与否，一个有效的战略一般有以下特点：

（1）目标明确——战略规划的目标应当是明确的，不应是二义的。其内容应当使人得到振奋和鼓舞。目标要先进，但经过努力可以达到，其描述的语言应当是坚定和简练的。

（2）可执行性良好——好的战略的说明应当是通俗的、明确的和可执行的，它应当是各级领导的向导，使各级领导能确切地了解它、执行它，并使自己的战略和它保持一致。

（3）组织人事落实——制定战略的人往往也是执行战略的人，一个好的战略计划只有有了好的人员执行，它才能实现。因而，战略计划要求一级级落实，直到个人。高层领导制定的战略一般应以方向和约束的形式告诉下级，下级接受任务，以同样的方式告诉再下一级，这样一级级地细化，做到深入人心，人人皆知，战略计划也就个人化了。个人化的战略计划明确了每一个人的责任，可以充分调动每一个人的积极性。这样一方面激励了大家动脑筋想办法，另一方面增加了组织的生命力和创造性。在一个复杂的组织中，只靠高层领导一个人是难以识别所有机会的。

（4）灵活性好——一个组织的目标可能不随时间而变，但它的活动范围和组织计划的形式无时无刻不在改变。战略计划只是一个暂时的文件，应当进行周期性的校核和评审，灵活性强，使之容易适应变革的需要。

2.2.43 切忌大型项目经理无"三严"选聘程序

工程项目经理是项目管理的核心和灵魂，在全面实施好工程项目合同的背后，肯定有一个出类拔萃项目经理，目前优秀的项目经理还是奇缺。为保障选用项目经理的高质量，必须有严肃认真的工作态度、严谨细致的工作作风、严格的高标准要求，整个选用过程体现出严肃执法（按法律程序）、严格管理（按选聘制度办）、严谨作风（实事求是、讲究效率）。遵守选聘制度或掌握标准时认真细致，毫不放松，要按照既定的制度或标准要求认真仔细地加以管束或从严负责落实。对大中型项目一定要精心组织、一丝不苟、严格管理，确保工程项目经理选聘。国际工程大型项目对项目经理的普遍素质胜任力要求，如美国项目管理专家提出：具有本专业的技术理论知识和实践经

验；具有综合管理能力，勇于和主动承担责任；具有成熟而客观的判断决策
能力；诚实可靠、言行一致、吃苦耐劳、应变能力强；能处理"非程序性"、
"例外性"的问题；其他方面，如健康、人品、性格、不良嗜好等。我国对大
型工程项目经理的一般要求：具有良好的职业道德品质和思想政治觉悟，遵
纪守法，爱岗敬业，诚信尽责；具有开拓创新精神和良好的服务意识，事业
心强，勇于承担责任；具有团队精神，善于沟通和处理团队内部冲突，维护
建设工程项目相关者的利益，保守项目商业机密；具有符合相应工程规模要
求的管理经验与业绩；具有项目管理需要的专业技术、管理、经济、法律和
法规知识，能应对突发事件与风险；身体健康、精力充沛。

2.2.44　切忌激励机制、奖罚制度不兑现

激励指激发人的内驱力，使个体朝向所期望的目标努力的心理活动过程。
哈佛大学心理学家威廉·詹姆斯提出：同样一个人通过充分激励后，所发挥
的作用相当于激励前的 3～4 倍。激励理论是行为科学中用于处理需要、动
机、目标和行为四者之间关系的核心理论。行为科学认为，人的动机来自需
要，由需要确定人们的行为目标，激励则作用于人内心活动，激发、驱动和
强化人的行为。激励理论是业绩评价理论的重要依据，它说明了为什么业绩
评价能够促进组织业绩的提高，以及什么样的业绩评价机制才能够促进业绩
的提高。马斯洛需要层次论就提出人类的需要是有等级层次的，从最低级的
需要逐级向最高级的需要发展。激励理论中的过程学派认为，通过满足人的
需要实现组织的目标有一个过程，即需要通过制定一定的目标影响人们的需
要，从而激发人的行动。弗洛姆的"期望理论"认为，一个目标对人的激励
程度受两个因素影响：目标效价，指人对实现该目标有多大价值的主观判断。
如果实现该目标对人来说很有价值，人的积极性就高；反之积极性则低。期
望值，指人对实现该目标可能性大小的主观估计。只有人认为实现该目标的
可能性很大，才会去努力争取实现，从而在较高程度上发挥目标的激励作用；
如果人认为实现该目标的可能性很小，甚至完全没有可能，目标激励作用则
小，以至完全没有。此后，美国管理学家 E. 洛克和休斯等人又提出了"目标
设置理论"。概括起来，主要有三个因素：目标难度，那种轻而易举就能实现
的目标缺乏挑战性，不能调动起人的奋发精神激励作用不大。目标的明确性，
指目标应明确具体，而能够观察和测量的具体目标，可以使人明确奋斗方向，
并明确了自己的差距，这样才能有较好的激励作用。只有当职工接受了组织

目标并与个人目标协调起来时，目标才能发挥应有的激励功能。

2.2.45　切忌无学习习惯

"天可补，海可填，南山可移，日月既往不可复追。其过如驷，其去如矢，虽有大智神勇莫可谁何"（曾国藩语）。各层次领导者都应养成学习习惯，学海无涯，毕生学习。世界经济全球化，知识结构大爆炸。这就要求全员学习、共同学习、终身学习、学会学习，现代社会非学不可，非善学不可，非终身学习不可，知识和实践成就人生，奋斗改变命运，知识能抬高我们的人生。因为，知识就是财富、知识就是力量、知识就是快乐的源泉，就是人类进步的阶梯。当代著名作家王蒙说："学习是一个人的真正看家本领，是人的第一特点，第一长处，第一智慧，第一本源，其他一切都是学习的结果，学习的恩泽。"特别在国际规则、惯例，如 WTO 运作规则，地区合作共同体等合规操作方面下工夫。俗语：读万卷书，行万里路。人生如读书，读书学习和工程实践是人生中的两大乐事。读书学习肯定会出人才、出成果、成大业。学习习惯的养成要灵活处理，忌墨守成规；设身处地，忌专横高压；恩威并重，忌言行偏；行为指导，忌唠叨啰唆；鼓励为主，忌负面强加；宽严互渗，忌情感失控；坚定立场，忌迁就退让；具体明确，忌抽象模糊。

2.2.46　切忌企业信息化不充分

企业信息化主要指将企业的生产过程、物料移动、事务处理、现金流动、客户交互等业务过程数字化，通过各种信息系统网络加工生成新的信息资源，提供给各层次的人们洞悉、观察各类动态业务中的一切信息，以便作出有利于生产要素组合优化的决策，使企业资源合理配置，以使企业能适应瞬息万变的市场经济竞争环境，求得最大的经济效益。企业信息化管理（简称EIM）：是指对企业信息实施过程进行的管理。企业信息化管理主要包含信息技术支持下的企业变革过程管理、企业运作管理以及对信息技术、信息资源、信息设备等信息化实施过程的管理。企业信息化管理的三方面的实现是不可分割的，它们互相支持、彼此补充，达到融合又相互制约。企业信息管理属于企业战略管理范畴，其对企业发展具有重要意义。企业信息化管理的精髓是信息集成，其核心要素是数据平台的建设和数据的深度挖掘，通过信息管理系统把企业的设计、采购、生产、制造、财务、营销、经营、管理等各个环节集成起来，共享信息和资源，同时利用现代的技术手段来寻找自己的潜在客户，有效地支撑企业的决策系统，达到提高生产效能和质量、快速应变的目的，增强企业的竞争力。企业通过信息化管理改变了数据和信息获取方式；改变了信息存储的方式；提高了信息处理的效率；改变了信息的传递方式和工作方式；提高了信息的集成性；提高了信息的综合价值。

1. 对信息化实施过程管理

企业信息化实施运作过程管理主要包含计划、组织、控制、协调和指挥。具体运作如下：

（1）计划主要指对企业信息化过程的管理，通过对企业信息化规划和蓝图的基础上找出信息化存在的差距，确定企业信息化需要解决的问题而确定主要实施内容、资金投入计划、实施步骤、阶段目标和考核指标等。

（2）组织主要指为企业信息化实施确定组织架构、岗位职能、管理制度、确定首席信息总管的职权、对信息化人员技能与绩效进行考核。

（3）对企业信息化的过程进行有效的控制，包括信息系统实施项目的选择、信息化项目实施过程的管理、制定企业信息化评价体系、评价方法，对信息技术的风险进行分析管理等。

（4）协调主要是指调节企业信息化过程中，业务部门与 IT 部门关系产生的各种矛盾，提高业务战略和信息化战略的一致性的协调。

（5）沟通主要是指通过下达命令、指示等形式，对组织内部个人施加影响，将信息化规划的目标或者领导者的决策变成全员的统一活动。

2. 加强企业信息化管理

信息化管理是现代企业管理的一项重要的工具，是企业的经营管理理念和方法的载体。信息化管理的主要内容是企业资源计划，其主要作用有两个方面：一是对外有效利用和整合资源；二是对内实行科学管理，提高工作效率。

3. 信息技术在企业中的应用

提高了企业的业务流程的自动化程度，业务流程中的一些环节被省略或合并。随着电子商务的发展，企业间交易的自动化程度也将得到提高。内部控制的具体实施是根据业务流程的各个环节以及交易方式来进行的，因此，业务流程的自动化不可避免地对内部控制的各个要素以及控制理念等产生不同程度的影响。

4. 企业信息化管理结构

企业现代信息技术水平的高低，将成为企业竞争力强弱的重要标志，企业只有迅速掌握好利用好网络技术、按现代管理方法管理企业的物流、资金流、信息流，实现企业管理信息化，才能全面提升企业资源配置水平和企业核心竞争力，从而提高企业经济效益和市场竞争中立于不败之地。

2.2.47 切忌对新理论、新潮流、新理念不敏锐

"潮流"的定义就是流行趋势的动向，引申其意是社会变动或行业发展的大趋势。在工程中，"潮流"还特指工程项目的功能、理论、理念、规范、惯例、工具等等的发展新趋势及分布状态。工程界的这"三新"日益发展突飞猛进，市场大潮浩浩荡荡，"顺之者昌，逆之者亡"，经理人一定遵循"物竞天择，优胜劣败，适者生存"（严复）的告诫。新理论是人类进步的一种体现方式，它是指新的理论体系取代旧的理论体系。新理论的基础是事实和实验，是指理论要深得人心，即使该理论是错的，它也在人们的心中是正确的。如，新的领导观，新的用人观，新的安全观，新的工程实施方式、手段；工程双方合作的新思想、新概念等层出不穷，在现有条件下认真研究后酌情吸纳。经理人必须保持清醒的头脑，"自力更生为主，争取外援为辅"，不断超越自己已有的成就，特别是对自己企业的比较成熟的所谓经验系统，应该本着与时俱进的态度，进行不断地修正。

项目经理需要根据趋势学理论和原理，观察现代的工程项目管理的国际化、信息化、集成化、合作化、项目全寿命管理化等新理念出现的工程管理中的问题，未雨绸缪、谋划与实施工程项目。

2.2.48 切忌缺少与时俱进思想

与时俱进由来已久，1910 年初，蔡元培出版了《中国理论学史》，针对清朝末年中国思想文化界抱残守缺、固步自封的局面，蔡元培通过中西文化对比，指出"故西洋学说则与时俱进"。指准确把握时代特征，始终站在时代前列和实践前沿，始终坚持解放思想、实事求是和开拓进取，在大胆探索中继承发展。观念、行动和时代一起进步。其特点是：

（1）进取性：它昭示和要求有一种时不我待、不进则退的紧迫感，一种深切的历史忧患意识，一种昂扬向上、奋发有为的精神状态。时代性：它昭示和要求认识要跟上社会的进步和时代的发展，不仅要与时代同步，正确反映时代的主题和本质，更要具有一定的前瞻性。

（2）开放性：与它昭示和要求人们要具有世界眼光和战略眼光，在分析问题、解决问题时，既要着眼国内，也要着眼世界；既要着眼现实，也要着眼未来，确保决策的科学性、前瞻性和预见性。

（3）创新性：它昭示和要求人们不断发现和掌握新的真理，从而避免真理可能因跟不上事物的发展变化而变为谬误产生偏差，使我们始终在科学理论指引下，不断开创工程事业的新局面。周有光老前辈对此破题和承题，"时"和"进"是关键词。"时"者时代也、历史也；"进"者进步也、改革也。按照全球化时代的发展规律行事，就是进步。"与时"，不墨守成规；"俱进"，改革开放，实行先进的经济和政治制度，进入先进国家行列。

2.2.49　切忌总结马虎，改进无力

总结，是对过去一定时期的工作、学习或思想情况进行回顾、分析，并做出客观评价的书面材料。对某一阶段的工作、学习或思想中的经验或情况进行分析研究，做出带有评论性、过程性、实践性、概括性、规律性的结论。总结经验提炼应突出重点、突出个性、实事求是、展望前景。主体部分常见的结构形态有三种。

（1）纵式结构，就是按照事物或实践活动的过程安排内容。按时间顺序分别叙述每个阶段的成绩、做法、经验、体会。

（2）横式结构，按事实性质和规律的不同分门别类地依次展开内容，使各层之间呈现相互并列的态势。

（3）纵横式结构，安排内容时，即考虑到时间的先后顺序，体现事物的发展过程，又注意内容的逻辑联系，从几个方面总结出经验教训。多数是先采用纵式结构，写事物发展的各个阶段的情况或问题，然后用横式结构总结经验或教训。

总结要坚持实事求是原则。绝不要弄虚作假；要注意共性、把握个性，总结不能千篇一律。要写出个性，要有独到的发现、独到的体会、新鲜的角度、新颖的材料；要详略得当，突出重点；正确的指导思想。以党的方针、政策、路线为依据，正确估计实际工作情况，总结出指导现实意义的有价值的经验。

评价某一工程项目成功或失败的基本指标是：一个项目交付验收后完全符合合同条件要求，得到雇主满意、承包商达到预期目标、群众欢迎，该项目可称之为成功；反之其项目成果没有足够符合合同要求、未实现双赢目标或未满足利害关系者的期望值，该项目属于失败类型之列。无论成功或失败

都应在如下方面予以考量，其具体内容包括：工程项目实施基本情况回顾、合同履行过程中的主要问题及应对处理方案和经验教训、出现的问题是否明确？项目准备充分性如何？计划编制中的取舍；人员角色搭配合理否？施工组织规划依据的可靠性可行性？各种资源利用是否充分得当？项目参与者的管理是否认同划一？项目领导班子的胜任力、责任感；项目经理人的到位状态？项目成败的主客观因素是否认同？现场执行力管理中的核心问题；工程项目完成成果、改革与改进建议和意见等等。这能彰显出总结评价的质量、价值和意义。

总结评价是经理人在完成工程项目后的重要一环。总结是把工程项目管理提升到更高阶段的必要环节，必须有不固守传统观念、敢于向新的目标挑战的改进、改革和改变的思想。

2.2.50　切忌片面性，多点哲理性

哲理：关于宇宙人生的根本的原理和智慧。它通常是关于人生问题的哲学学说，是人生观的理论形式。它主要探讨人生的目的、价值、意义、态度等。相比理论化、系统化的哲学而言，它的表现形式通常是智慧箴言式，典型作品如《重大人生启示录》。它也可以泛指一切价值观和生活智慧。它的功能是让人了解宇宙人生的根本原理和道理，对人们的生活起到指引作用。哲理性基本涵义，一是能使人的精神新生的原理或概念，二是关于宇宙和人生根本的原理详细意义是关于宇宙和人生的原理。学习、研用、借鉴、创新、发展古今中外现代的工程管理理论理应遵循：一曰从源溯流，二曰强干弱枝，三曰涉及工程学科的相互贯通的比对，四曰掌握中外工程领域中的案例及分析。以丰富我们自己的工程管理思想内容，使之在工程之林焕发更加绚丽夺目的光彩。

2.3　项目经理的人生哲学和经营哲学

2.3.1　人生哲学

人生哲学是关于人生的根本的原理和智慧，是人生观的理论形式，它主要探讨人生的目的、价值、意义、态度等。相比理论化、系统化的哲学而言，其表现形式通常是智慧箴言式，典型作品较多，如《重大人生启示录》。也可

以泛指一切人生价值观，其功能是让人了解宇宙人生的根本原理和道理，对人们的学习、工作、生活起到指引作用。

1. 工匠精神

其内涵为：工程项目精益求精。注重细节，追求完美和极致，不惜花费时间精力，孜孜不倦，反复改进产品，把 99％ 提高到 99.99％。工作严谨，一丝不苟。不投机取巧，必须确保每个部件的质量，对产品采取严格的检测标准，不达要求绝不轻易交验。耐心，专注，坚持。不断提升产品和服务，因为真正的工匠在专业领域上绝对不会停止追求进步，无论是使用的材料、设计还是生产流程，都在不断完善。专业，敬业。工匠精神的目标是打造本行业最优质的产品，其他同行无法匹敌的卓越产品。"工匠精神"在当今企业管理中有着重要的学习价值和现实意义。坚持"工匠精神"的企业，依靠信念、信仰，看着产品不断改进、不断完善，最终通过高标准要求历练之后，成为众多用户的骄傲，无论成功与否，这个过程，他们的精神是完完全全的享受，是脱俗的，也是正面、积极的。

2. 奉献心态

眼下是极为特殊的历史转折期，物质文明发展到这一步注定了精神（信仰）的缺失，灵魂空虚、物欲横流，人们的精神堕入虚无主义，有各种不安和痛苦。是任何一种生命在文明发展进程中注定的悲哀。当今社会心浮气躁，追求"短、平、快"带来的即时利益，从而忽略了产品的品质灵魂。因此需要端正心态，才能在长期的竞争中获得成功。项目经理的生命的意义到底是什么？一是热爱你所做的事，胜过爱这些事给你带来的钱；二是精益求精，精雕细琢。精益管理就是"精""益"两个字。在德国人、日本人的概念里，你把它从 60％ 提高到 99％ 和从 99％ 提高到 99.99％ 是一个概念。他们不跟别人较劲，跟自己较劲。

3. 有目标欲望

比较才有鉴别，有黑暗才有光明，有恨才有爱，有坏才有好，有他人和他人所做的事我们才知道自己是谁，自己在做什么。一切都在比较中才能存在，没有丑便没有美，没有失去便没有得到。同样，在工程承包中，也有逆境与顺境、成功与失败，更充满机遇与风险。项目经理的人生，就是由目标欲望不满足而痛苦和成功满足之后这两者所构成。

4. 生命如艺术品

生命不论其长短，无论从事何种工作，都在生命的过程中彰显着属于他的奇妙意义。这段生命也许只是为了一段旅程，也许只是为了一段风景，也许只是为了一段工程项目，这正是生命的美好之处。"震天动地"将使我们存在的这个世界处处充满生机、美好和喜悦。项目经理当主张快乐人生，他担当人们羡慕的重任，如果你受到了生命中的重创，你可以重新评估和总结这种创伤的因果关系，挽回比它更为美好的一切。

5. 朴素无华

最困扰项目经理的是：其一是重任在肩，如何经管好项目，其二是怎样带领项目团队凯旋。当所渴望的真诚变成现实的时候，我们会发现，原来它并非那么华丽，有时还让我们觉得充满了极强的不可预见性。所有真实的都是朴素无华的。强烈的拜金主义、个人主义、非共赢理念，都不会带给承包工程过程中的多少快乐，而且停留的时间非常短暂。而所有无关功利性的欲望的满足，足够忘我，如同进入永恒世界般的流连忘返。

6. 牢记底线

每个人都有共同的而不是绝对的道德底线：24 字社会主义核心价值观。其内容为富强、民主、文明、和谐、自由、平等、公正、法治、爱国、敬业、诚信、友善。此外，我们在工程项目全过程中，要学会共识、包容、宽谅、互相帮助等做法。

2.3.2 经营哲学

项目经理的经营哲学亦从企业的经营哲学，是指企业在经营活动中，对发生的各种关系的认识和态度的总和，是企业从事生产经营活动的基本指导思想，它是由一系列的观念所组成的。企业对某一关系的认识和态度，就是某一方面的经营观念。企业无论是否已经认识到、自觉或不自觉，客观上都存在着自己的经营思想。企业的经营思想的内容是相当广泛的，因为企业在经营过程中需要处理的关系涉及方方面面，对某一方面的认识和态度，就是某一方面的观念。这一系列观念的总和就是企业的经营思想，由于人们对企业经营中的主要关系的认识存在差异性。不排除其他观念在一定条件下的重要性，也不排除其他的一些观念是下列观念的派生观念。

1. 市场观念

市场观念是企业处理自身与顾客关系之间的关系的经营思想。顾客需求是企业经营活动的出发点和归宿，是企业的生存发展之源。企业生产什么、生产多少、什么时候生产以及生产的产品以什么方式去满足顾客的基本需求是市场观念的基本内涵。

2. 竞争观念

竞争观念是企业处理自身与竞争对手之间的关系的经营思想。市场竞争是在市场经济的条件下，各企业之间为争夺更有利的生产经营地位，从而获得更多的经济利益的斗争。市场竞争具有客观性、排他性、风险性和公平性。企业对这方面的认识和态度，反映出企业竞争观念的表现方式和强度。

3. 效益观念

效益观念是企业处理自身投入与产出之间的关系的经营思想。企业可视为一个资源转换器，以一定的资源投入，经过内部的转移技术，转换出社会和市场所需要的产品。经济效益是产出和投入之比，这个比率越大，经济效益就越高。效益观念的本质就是以较少的投入（资金、人、财、物）带来较大的产出（产量、销售收入和利润）。因此，企业的效益观念涉及处理好投入、转化和产出的综合平衡，解决好投入、转换的经济、高效和产品的适销对路的产品。

4. 创新观念

创新观念是企业处理现状和变革之间的关系的经营思想。创新是企业家抓住市场的潜在机会，对经营要素、经营条件和经营组织的重新组合，以建立效能更强、效率更高的新的经营体系。企业的创新观念主要体现在以下三个方面：一是技术创新，包括新产品开发、老产品的改造、新技术和新工艺的采用以及新资源的利用；二是市场创新，即向新市场的开拓；三是组织创新，包括变革原有的组织形式，建立新的经营组织。变革是有风险的，然而不变革也是有风险的。对两种风险的认识和态度是创新观念的本质。

5. 长远观念

长远观念是企业处理自身近期利益与长远发展关系的经营思想。近期利益和长远发展是一对矛盾统一体，商品生产的特点是扩大再生产，然而投资者和职工当前的利益又不能不考虑。企业领导者如何兼顾这对矛盾，是长远观念的核心。

6. 社会观念（生态观念）

社会观念是企业处理自身发展之间的关系的经营思想。现代企业越来越感到社会责任的重要性。企业之所以能存在，就在于能对社会做出某些贡献。除了生产适销对路的产品外，企业还负有诸如对国家、生态环境、文化教育事业、社区发展、就业、职工福利和个人发展负有责任。社会观念的本质，就是谋求企业与社会的共同发展。企业的发展为社会做出了贡献，社会的发展又为企业的发展创造了一个良好的外部环境，所以也称为生态平衡观念。推而广之，生态观念是指企业与所有利益相关者互惠互利，共同发展的观念。

7. 民主观念

民主观念是企业各级次负责人在决策时处理与下属以及职工关系的经营思想。决策是企业经营的核心问题，现代企业的经营决策要科学化、民主化、共识化。企业的广大职工中蕴藏着丰富巨大的想象力和创造力，企业领导者如何把这种想象力和创造力激发出来，予以加工提炼，是民主观念的核心。

2.3.3　项目经理的角色特点

项目经理的工作对于项目的成功与效果起着关键的作用，具体表现在以下五个方面：

1. 合同履约的负责人

项目合同是规定承、发包双方责、权、利具有法律约束力的契约文件，是处理双方关系的主要依据，也是市场经济条件下规范双方行为的准则。项目经理是公司在合同项目上的全权委托代理人，代表公司处理执行合同中的一切重大事宜，包括合同的实施、变更调整、违约处罚等，对执行合同负主要责任。

2. 项目计划的制定和执行监督人

为了做好项目工作、达到预定的目标，项目经理需要事前制订周全而且符合实际情况的计划，包括工作的目标、原则、程序和方法。使项目组全体成员围绕共同的目标、执行统一的原则、遵循规范的程序、按照科学的方法协调一致的工作，取得最好的效果。

3. 项目组织的指挥员

总承包的项目管理涉及众多的部门、专业、人员和环节，是一项庞大的系统工程。为了提高项目管理的工作效率并节省项目的管理费用，要进行良好的组织和分工。项目经理要确定项目的组织原则和形式，为项目组人员提出明确的目标和要求，充分发挥每个成员的作用。

4. 项目协调工作的纽带

项目建设的成功不仅依靠公司的工作，还需要业主、分包单位的协作配合以及地方政府、社会各方面的指导与支持。项目经理应该充分考虑各方面的合理和潜在的利益，建立良好的关系。项目经理是协调各方面关系使之相互紧密协作配合的桥梁与纽带。

5. 项目控制的中心

对项目工期、工程质量及工程造价的控制是项目投资效益的重要因素，也是项目合同考核的主要指标。项目经理要运用先进的项目管理技术对项目的进度、质量、费用进行综合控制。制定执行效果测量基准，进行进展情况分析，采取纠正偏差的措施，保证项目的正常运行，是项目控制的中心。

总之，项目经理是公司法定代表人在工程项目上的全权委托代理人。对外代表公司与业主及分包单位进行联系处理合同有关的一切重大事项；对内全面负责组织项目的实施，是项目的直接领导者和组织者。

2.4　网络时代的项目经理

2.4.1　网络时代的基本特征

从世界及我国网络发展的现实状况和未来趋势看，网络时代呈现出与传统社会大不相同的新特征。

（1）网络信息成为现代化建设极为重要的社会财富。

（2）网络社会成为现代社会的新形态。

其一网络改变着现实社会结构；其二网络改变了社会阶层形态；其三网络改变了人与社会的关系；其四网络改变了人们之间的交往方式和人际关系。

（3）网络使人与人之间的沟通更加便利化。

（4）网络民主成为大现代民主政治的重要形态。

（5）网络文化成为现代文化中崭新的文化形态。

（6）网络经济成为重要的经济形态。

2.4.2　网络时代的项目经理在工程项目中的网络应用

网络时代的项目经理在以下方面发挥主要作用，如图 2-16 所示。

1. 建立健全自己的协同工作平台

对于任何工程项目而言，都会有许多部门和单位在工程项目实施的不同阶段，以不同程度参与到其中，包括业主、设计单位、承包工程项目各单位、监理咨询公司、材料设备供应单位以及当地相关单位。为在工程项目的生命周期内，提高沟通交流的准确性、及时性，大大缩短时间、节约沟通交流成本。

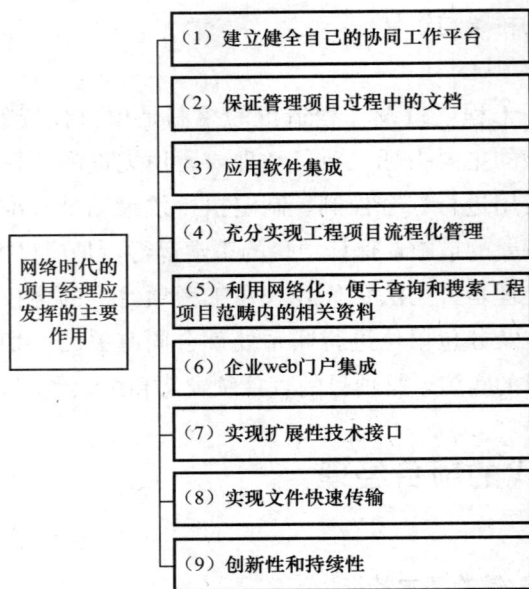

图 2-16　网络时代的项目经理应发挥的主要作用

2. 保证管理项目过程中的文档

包括各种设计、施工、采购、试运转等系列化文件。改进标准的文档管理功能，并自动加以维护，是非常必要的。如工程图纸文件、工程管理文件、工程资源文件（规范、模板、报表、日志）及其相关的文件等。

3. 应用软件集成

即把工程项目管理过程中所需要的各种不同需求的软件，进行集中、整合、创新，成为项目所用的一种工具和手段。

4. 充分实现工程项目流程化管理

工程项目流程化是工程项目管理国际化的一大趋势和潮流，作为项目经理有必要掌握和运用。现在网上的流程化管理的种类、样式、图形、格式、图表，不胜枚举，千差万别，使人眼花缭乱，选择的余地和空间非常宽大，要根据项目特点选取。

5. 利用网络化，便于查询和搜索工程项目范畴内的相关资料

一是根据自定义属性，搜索工程项目管理范畴内的相关资料，几乎是唾手可得，包括名称、创建人、时间、文件内容、文件格式等；二是咨询在项目管理进行中所发生的不能解决的许许多多难解之题、不可预见的问题，包括预知各国的天文地理人情概况以及未来学中的问题，等等；三是可以寻求某种重大课题的基本方案。

6. 企业 web 门户集成

不少软件具有企业门户解决方案并提供了团队协作、站点管理和业务处理等功能。PROJECTWISE 加上 SHAREPOINT，等于一个功能强大而灵活的工作环境，可以为用户及其相关的工作带来更高的效率和生产力。

7. 实现扩展性技术接口

即可以和其他管理系统，如 DOCUMENTUM、SAP、FILENET 等，进行数据集成。同时，又提供了程序的二次开发，方便了自己的业务需求。

8. 实现文件快速传输

包括系统中的版本更新、文件修改、流程状态变化、发生的事件过程、全方位的发布图档、施工日志及索赔事件、内部重要信息沟通、政府大政方针的颁布、政府资源的利用。据称大文件的传输速度可提高几十倍以上，小文件的传输可提高几倍。

9. 创新性和持续性

根据工程项目管理所需进行网络的创新和可持续发展。即在工程设计、采购、施工和试运转的各阶段，发力创新，以保持工程项目管理的可持续发展。一要吸纳世界各国的网络管理的经验和实践；二要推进自己的网络项目管理的知识和实践；三要进行精心总结大力提升。网络化管理同样遵循学习——实践——总结——提高，循环往复，为项目管理做出贡献。

2.5　卓越项目经理应当具备的二十项能力及十鉴

当今项目经理应具备二十项能力。项目经理的性格有所区别，爱好也不一样，但其基本功夫和基本素质要求是相同的。

1. 卓越项目经理当具备的能力

（1）合同履约能力：项目经理应该是履行合同的专家，按承包商与业主所签订的工程承包合同履约是天经地义的事。今天到了理性经营阶段，科学管理阶段，项目经理还应会合同谈判，会签合同，在合同履行过程中进行索赔。项目经理要明白，只要不是承包商的原因，就要提出索赔。

（2）风险控制能力：项目经理是担风险的，几乎所有建设过程中的种种风险。工程本身存在建造过程中的风险，处理风险有几种手段：一是承认风险是客观存在的，风险自留承担下来这个风险。二是转移风险不承担风险，转嫁他人承担。如交给保险公司去承担风险。三是减少风险，风险很大通过各种技术措施将风险减到最小。现在有保险和担保承担及转移。四是风险是个动态过程，需要提前预警、采取举措、及时处理、监督管理。

（3）程序优化能力：一个优秀的项目经理，在进行项目实施和项目管理中井井有条。一是工作应按科学程序进行安排，会运用统筹法全面安排各项工作。二是用系统论、控制论，对工程项目进行再创造。三是用辩证唯物论及其辩证法处理工程项目中出现的各种矛盾。四是制作适合本工程项目的工作及操作流程图。五是严格按项目计划表进行施工和安装。

（4）策略讨债能力：国内外的工程项目拖欠工程款是个常事，对不同的项目拖欠的程序是不一样的，项目经理讨债会是一项本事。一要发挥财务经理的作用，承担工程款讨债任务；二要按合同规定及时清理结算工程款；三要和监理公司搞好关系，他们的支持非常重要；四要一定把工程干得漂漂亮亮，深得业主认可，这是讨债欠款的基本条件。

（5）标准熟悉能力：无论是承包国内工程还是国际工程，世界各国都有系列化的工程标准及其相配套的规范和操作规程。项目经理必须掌握和自如应用著名的国际合同标准格式并按合同规定的条件一丝不苟地执行，来不得半点含糊。

（6）高效组织能力：因为管项目不是项目经理一个人就行的事，要领导和组织项目班子一批人，规定每个人在其中承担自己的责任。视项目大小而设项目管理班子的大小，人多了不行，少了也不行，什么事都找项目经理，这个项目经理也不行。项目经理要会组织，而且是高效率地组织。

（7）和谐鼓劲能力：项目经理打交道是直接和人打交道，项目上有人、财、物等多种因素，但最重要的还是与人打交道。严格管理和不讲人情是两个概念，严格管理要以人为本去管理。建立健全项目团队的激励机制，营造和谐、圆融、包容、协作的氛围。

（8）场务整备能力：现场的文明管理，这个能力要深。无法想象一个乱糟糟的工地能干出优质工程，这样的工地出安全事故的概率也很大。有关项目管理共有12个观点："五小"设施要整齐；"五头"堆放要整齐；"五场"要日日清；"三宝四口"要安全达标；负荷开关要把严；"五防"制度要齐全；材料堆放要"五成"；机械作业制度要严格；专项治理要落实；各类标志要明显；精神文明行为要规范；工地组织机构的职能、经费要到位。

（9）环境协调能力：环境分内环境和外环境。内环境是项目经理和项目班子的关系，互相要商量协调，做到统一思想、统一共识、统一口径、统一行为。处理好外部即项目参与方的方方面面关系。工地是企业走向社会的"窗口"，同时和周围百姓的关系，和有关管理部门的关系都要协调处理好，这些也是市场经济竞争的一方面。

（10）技术策划能力：项目经理不是万能的、不可能什么都懂，专家也不可能什么都懂，什么都懂就不叫专家了。项目经理要发挥专家的作用，遇到什么难题找什么专家进行咨询、破解、解题。一般性问题，请内部专家，对于大问题，必要时还可组织会议帮助解决。

（11）材料熟悉能力：建筑工程是材料的堆砌和组合，因此对材料大致要了解，材料的量差、质差、价差对项目经理管理非常关键。现在材料的样品与实际有差别，杜绝假冒伪劣的产品进入工程项目内。更不能以次充好，谁主管负责材料出了问题要终身追究其责。

（12）电脑操作能力：网络时代的项目经理当熟练地使用计算机及其相关软件。一要在开拓市场中运用，二要项目管理中应用，三要工程项目创新运作。

（13）提炼总结能力：一个项目经理要会总结，不会总结不行，要提炼经过、思考总结。项目上的人、机、料、法、环都要会总结，一个工程项目干完要出 3 个成果：第一要有优质的工程；第二要出文章出书，总结工程经验；第三要培养造就一批人。

（14）转化教育能力：要会转化矛盾，要会教育。对上面领导也要会转化，自己有些正确的观点要善于表达。对下也要转化，让他们为你服务。要知人善任，用人所长。要善于把你领导下的人变为人才，体现你的领导艺术。最无能的领导是埋怨自己领导下的人员素质不高，这其实是自己的素质不高。

（15）运用法律能力：项目经理应当是依法行事的能手。懂得与工程相关的各种法律、法规、规范，懂制度，懂规章。项目经理搞得不好不是原告就是被告，有的项目经理老是当被告和不懂法不无关系。项目管理上应远离违法经营，违章指挥，违规作业的三违现象。

（16）他山借石能力：就是要借用中外跨国公司的成功经验为自己服务。一是组织项目团队内部学习该项目的技术要求，二是学习外国公司的先进技术和管理经验，三是更要向兄弟公司借鉴咨询同类项目的经验教训。

（17）自我完善能力：自始至终完成一个工程项目，可以预料会碰到许许多多、星星点点的麻烦或不高兴之事。这就要求你要善于自我完善、自我解脱，经常学习古代传统文化，从中寻找智慧，以求帮助。廉政、勤政方面项目经理要把好关。要有敬业精神和职业道德，还要有挑战和坚持到底的毅力。

（18）市场开拓战略：在国内外项目经理在干具体项目时候，要有"打一争二观三"的想法。为集团公司、为项目团队拓展更大的发展空间。目前，是我国大发展的机遇期，适逢国际工程市场的发展期，正是项目经理大展宏图的最佳时机。

（19）全面沟通协调能力：这是一个合格的项目经理必须具备的能力，就是与各色人等打交道的能力。一要搞好项目团队的协调，项目经理需要安排工作与每个项目成员，人都是一个个体，各种性格都有，如何与不同性格的人交道，这可不是一时半会儿能学得会的。二是需要与上层领导协调，当项目推迟了，如何向领导解释原因，如何向领导申请更多的资金与资源，如何说服领导更加支持这个项目，这都是协调能力的体现。三要和协作方全天候全方位沟通协调，包括监理公司、材料设备供货商疏通好关系，以保障施工的顺利。四要同项目主管部门保持常态性传统型的沟通良好状态。寻求方针政策上的支持或帮助。五要与业主方协调，其重要原则：一切按合同条件办事。如何将业主的种种苛求一一化解，当产品提交给业主后，如何减少业主的抱怨，促其尽早签收，这些都需要项目经理有非常强的、把与项目相关的所有大大小小问题甚至鸡毛蒜皮全部摆平的能力。这很可能占到相当大的比例及精力，如果达到上面几条，你就可以做一个基本合格的项目经理了。

（20）哲理运用能力：项目经理承受着常人不能承受的巨大压力。尤以项目遇到问题进展不顺时，在成本上升和面临着最终期限快到时，特别碰到安全与风险及突发事件时，更显英雄本色。如何承受并缓解那种压力不是每一个人都能够做到的。如遇一点事就郁郁寡欢放不下，那在项目的重压之下，会是对你身心的双重折磨。唯一破解之道就是拿起哲学武器，缜密思考、开动脑筋、发动团队、集思广益、提出科学合理的解决措施。各种能力都是可学的，但对于掌握了哲理的人就可以运用的游刃有余。项目经理是个不简单的职位，想要做好真得下一番功夫，大千世界浩瀚无边，需要学习的东西很多。项目经理十鉴如下：

2. 项目经理十鉴

一鉴大喜易失言（如当工程项目中标或取得成绩时）；

二鉴大怒易失礼（如当工程项目实施遇到不解之难题时）；

三鉴大惊易失态（如与合作方发生违反合同、出现颠覆性问题争执时）；

四鉴大乐易失察（如过于高兴，影响对项目现场考的过细分析态度）；

五鉴大惧易失节（如碰到非传统性安全与风险时，或恐怖分子袭击时、或不可预见事件时）；

六鉴大话易失信（如工程项目在整体实施中的各阶段的责权利承担）；

七鉴大思易失爱（如涉及工程中的人和事，思考高度、考虑不当时）；

八鉴大哀易失颜（如当心烦意乱，风不调雨不顺时）；

九鉴大醉易失德（如工程项目取得成功，项目团队庆贺时）；

十鉴大欲易失命（如在工程项目实施中对 HSE 的管理不当时）。

工程界没有完美的项目经理，努力提升自己，都会使项目经理的职位迈向新台阶。

第3章　工程项目经理胜任力模型及测试

3.1　胜任力理念简介

"胜任力"这个概念最早由哈佛大学教授戴维·麦克利兰（David. Mc-Clelland）于1973年正式提出，是指能将某一工作中有卓越成就者与普通者区分开来的个人的深层次特征，它可以是动机、特质、自我形象、态度或价值观、某领域知识、认知或行为技能等任何可以被可靠测量或计数的并且能显著区分优秀与一般绩效的个体特征。但有的学者从更广泛的角度定义胜任力，认为胜任力包括职业、行为和战略综合三个维度。职业维度是指处理具体的、日常任务的技能；行为维度是指处理非具体的、任意的任务的技能；战略综合维度是指结合组织情境的管理技能。本着系统性、相关性和可操作性的原则，认为所谓胜任力，是指在特定工作岗位、组织环境和文化氛围中绩优者所具备的可以客观衡量的个体特征及由此产生的可预测的、指向绩效的行为特征。

3.1.1　胜任力个体特征、行为特征和工作情景条件

从系统性、相关性和可操作性的原则来看，胜任力的特征结构包括个体特征、行为特征和工作的情景条件。

1. 个体特征

个体特征——人可以（可能）做什么，即胜任力中的"力"。它表明人所拥有的特质属性，是一个人个性中深层和持久的部分，决定了个体的行为和思维方式，能够预测多种情景或工作中的行为。个体特征分为五个层次：知识（个体所拥有的特定领域的信息、发现信息的能力、能否用知识指导自己的行为）；技能（完成特定生理或心理任务的能力）；自我概念（个体的态度、价值观或自我形象）；特质（个体的生理特征和对情景或信息的一致性反应）；动机/需要（个体行为的内在动力）。这五个方面的胜任特征组成一个整体的

胜任力结构，其中，知识和技能是可见的、相对表面的人的外显特征，动机和特质是更隐藏的、位于人格结构的更深层，自我概念位于二者之间。表面的知识和技能是相对容易改变的，可以通过培训实现其发展；自我概念，如态度、价值观和自信也可通过培训实现改变，但这种培训比对知识和技能的培训要困难；核心的动机和特质处于人格结构的最深处，难以对它进行培训和发展。上述特质常用水中漂浮的一座冰山来描述，其中，知识和技能是可以看得见的，相对较为表层的、外显的个人特征，漂浮在水上；而自我概念、特质、动机/需要则是个性中较为隐蔽、深层和中心的部分，隐藏在水下，而内隐特征是决定人们行为表现的关键因素。麦克利兰认为，水上冰山部分（知识和技能）是基准性特征，是对胜任者基础素质的要求，但它不能把表现优异者与表现平平者准确区别开来；水下冰山部分可以统称为鉴别性特征，是区分优异者和平平者的关键因素。但不同层次的个人特质之间存在相互作用的关系。

2. 行为特征

行为特征——人会做什么，可以看作是在特定情景下对知识、技能、态度、动机等的具体运用。有理由相信，在相似的情景下这种行为特征可能反复出现。与胜任力关联的行为特征即指在相似情景下能实现绩优的关键行为。

3. 情景条件

情景条件——胜任力是在一定的工作情景中体现出来。研究发现，在不同的职位、不同行业、不同文化环境中的胜任特征模型是不同的，这就要求我们应该将胜任力概念置于人——职位——组织三者相匹配的框架中。

4. 胜任力的作用

（1）胜任力为企业发展指明方向：一个企业可以利用胜任力来识别其领导团队的行为是否可以带领整个企业达到预定的发展目标。

（2）胜任力可以衡量：胜任力对于预定目标的影响是可以衡量的，企业可以利用胜任力的可衡量性来评价其领导者目前在胜任力方面存在的差距以及未来需要改进的方向和程度。

（3）胜任力能通过学习获取并发展：胜任力一旦被确定，企业就可以通过培训等方式促使其领导者进行学习，达到胜任力的要求。

（4）胜任力使每个企业与众不同：也许两个企业可能在财务结果（同时也包括员工成长以及客户发展结果）上非常相似，但是他们获取这些结果的方法则完全依赖于根据其战略和企业文化设定的胜任力。

（5）胜任力会发生改变：随着企业管理水平的提高，胜任力模型中的每个胜任力都在改变。胜任力的变化程度，将随人们的年龄、阶段、职业层级以及环境等不同而有所不同。

（6）如何培养人力资源管理者的胜任力：鉴于专业化和胜任力的密切关系，要实现人力资源管理人员的专业化，就必须培养人力资源管理者的胜任力。人力资源管理技术的日益复杂，使得企业对于管理人员的要求、知识结构较为完善、学习能力也较强，能够很快适应不断变化的外部环境。人力资源管理工作有其特殊性，作为一个实务性很强的工作，如何结合工作实践提高自己的胜任力则是更为重要的问题，因此，对于人力资源管理者而言，在职培训则是另一条十分重要的提升胜任力的路径。

5. 培训胜任力的步骤

（1）评估：要想使培训达到预期的效果，首先最重要的就是了解人力资源管理者的需求，对症下药，进行相应培训。这些评估项目一般采用问卷、图表等方式，加上计算机的辅助，通过对管理者各自已有胜任力和素质的分析，最后得出报告。

（2）解释：报告出来以后，可以先进行以小组为单位的讨论，每个人通过对图表的分析，了解高胜任力的管理者的特征是什么。然后，各个参与者独自与他们的职业培训师进行交流，明确自身的优势和劣势，选择适合自身的课程进行培训。

（3）计划：得到专业的指导后，人力资源管理者应该根据自身情况开始制定计划。在基于过往表现、同事意见、个人价值观等的基础上，管理者应该制订一个为期 6～12 个月的计划并列出所期望达到的效果。订好计划后，管理者应该与专业人员或同事分享，以得到合理的建议。

（4）培训：在职培训的形式有很多种，包括脱产课程培训、与工作相关的项目培训、工作轮换、参加国际会议等。人力资源管理者可以根据自己和企业的需求和个人情况进行选择，经费和时间都是重要的限制条件。

（5）再评估：怎样评估培训后的胜任力呢？有一种评价方法叫作价值增加标准，即人力资源管理者的胜任力高低通过他为企业增加的价值来评价，具体到操作层面就是通过公司业绩来评价，人力资源管理者通过对公司业绩的影响，证明自己的胜任力。

3.1.2　基于胜任力模型的职位序列管理模式

职业生涯管理和胜任能力模型的应用，分析了与项目经理职业生涯对应的胜任能力模型，并结合在 IBM 公司和惠普公司的项目经理职业生涯管理，建立了中国 IT 系统集成和服务行业的项目经理胜任能力模型。

1. 什么是职业生涯管理

职业生涯管理是美国近十几年来从人力资源管理理论与实践中发展起来的新学科。所谓生涯，根据美国组织行为专家道格拉斯·霍尔的观念，是指一个人一生工作经历中所包括的一系列活动和行为。职业生涯管理是通过研究，归纳分析不同职业的活动和行为，为从事该职业的人员提供清晰的发展方向和成长路径，加速技术人才的成长。职业生涯管理有两个层面：一是个人行为，即员工个人自发的自我职业生涯管理。关注自我发展的员工，根据自己理想选择职业，并分析该职业生涯的活动和行为，规划自己在该职业的发展计划。二是组织行为，即企业主导的职业生涯管理。企业建立职业生涯管理体系，帮助员工落实员工职业生涯发展计划。企业的职业生涯管理体系的目标是达到企业人力资源需求与员工职业生涯发展需求之间的平衡，并创造一个高效率的工作环境和引人、育人、留人的企业氛围。

2. 为什么出现职业生涯管理

职业生涯管理的兴起始于 20 世纪 80 年代。因为激烈市场竞争的企业发展环境的动荡，企业管理者开始鼓励员工"管理自己的职业"，并逐步淡化几十年来主导的"终身"雇佣模式。例如 2000 年互联网泡沫的破裂，公司裁员现象更为普遍。企业为了灵活有效应对市场的起伏，开始采用诸如缩减编制和调整至恰当编制的安全灵活资源战略，因此员工所期望的"稳定的雇佣关系"已经失去了根基。中国由于以人为本的传统文化和企业发展历程，企业在社会上通常扮演家长式的角色，以及过去的计划经济模式下形成的铁饭碗观念的烙印，员工往往有更强的依赖企业的心理。然而市场竞争中企业经营的起起伏伏，迫使企业进行必要人员调整。

3. 项目经理是一个清晰的职位序列

中国传统中只有仕途一条路，所以"万般皆下品，唯有读书高"，反映到企业管理环境中，就是官本位。广大技术员工的发展希望和出路在哪里呢？特别是技术密集性的企业，业务的发展离不开技术人员的贡献。职位序列是技术员工的发展之路。职业生涯管理的核心是定义公司的职位序列，对技术员工管理的双通道模式的确定，也就是职位序列的确定，如图 3-1 所示。

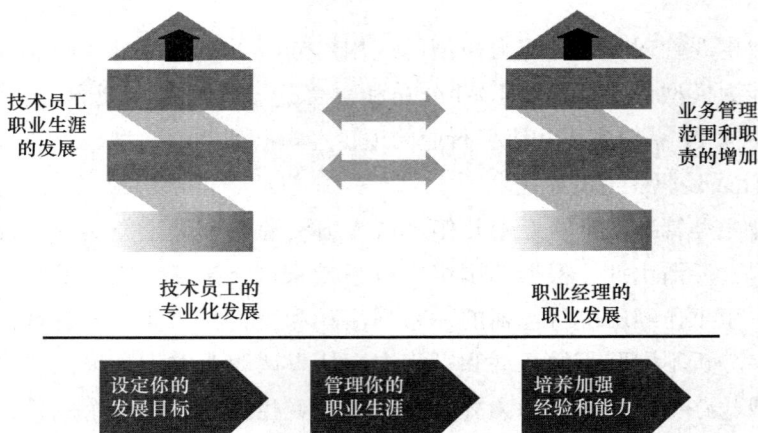

图 3-1　技术人员双通道职业发展示意图

IBM 公司对技术员工职位序列的体会非常深刻，例如员工可以选择项目经理的职位序列并持续发展，不一定要去做部门经理或事业部经理，因为作为资深的职位的项目经理，同样可以拿到比部门经理还高的薪水。因此所有的人不必都削尖脑袋争取经理的位置，可以是 IT 架构师、咨询顾问、技术专员职位序列。

4. 职业生涯管理的基石——胜任能力模型

职位序列的等级表示了员工能力。实施职业生涯管理首先需要客观公正地评估和确定员工在职位序列上的等级，然后需要有效的培养员工的能力以实现员工能力的快速提升。能力评估和培养是实施职业生涯管理关键。胜任能力模型是能力评估和培养有效途径，是职业生涯管理的基石。基于胜任力模型的职位序列管理模式如图 3-2 所示。

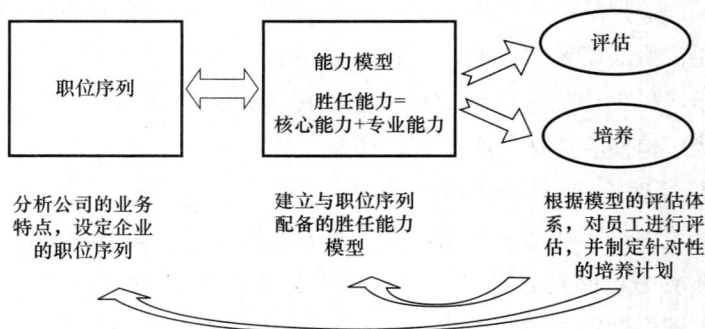

图 3-2　基于胜任力模型的职位序列管理模式

影响一个人工作业绩的因素是多方面的，既包括知识、技能层面，还包括一个人的态度、思维模式等层面的因素，而且态度往往是影响业绩更深层、更核心的要素，一个人如果不具备知识和技能，但具有积极学习的态度，那么这些知识和技能一定能够习得，只是不同人因为资质不同习得的速度可能有快有慢。这也就是我们常说的一个人应该既要 "Like to do"，又必须 "Able to do"，只有两方面都具备了，才能有高绩效。其胜任力的构成如图 3-3 所示。

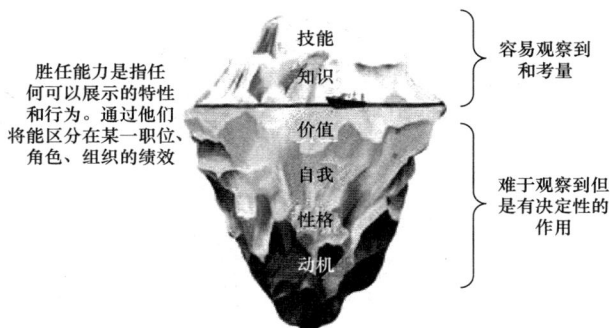

图 3-3　胜任力构成

胜任能力就是将圆满完成工作所需要具备的知识、技能、态度和个人特质等用行为方式描述出来。这些行为应是可指导的，可观察的，可衡量的，而且是对个人发展和企业成功极其重要的。胜任能力是从西方发展而来的一个概念，英文叫做 Competency，它与我们通常所说的"能力"有所区别，这个能力更多指知识和技能，比如"积极进取"，按照我们过去的理解可能认为不应该属于能力之列，但按照胜任能力的定义，它却是核心要素之一。

胜任能力与岗位职责的关系：每一个岗位都有岗位说明书，胜任能力与岗位职责具有密切关系，岗位职责告知"做什么"，胜任能力则告诉"怎么做"。岗位职责的不同决定了应具备的胜任能力的不同，这种不同可能是能力结构的不同，也可能是同一能力所要求程度的不同。

3.2　国际项目经理的能力体系概述

3.2.1　美国项目管理协会（PMI）的能力体系

美国项目管理协会（PMI）2002 年推出了 PMCDF（Project Manager

Competence Development Framework），定义了项目经理的能力发展框架，作为个人或组织来管理项目经理的专业发展。该项目经理能力发展框架有三部分组成：项目管理知识、项目管理应用、个人能力。其中项目管理知识和项目管理应用方面的要素项是根据项目管理的 5 个流程和 9 大知识领域交叉组成，针对每个交叉格的内容进行评估，分为 4 级，如表 3-1 所示。

项目管理 5 个流程 9 大知识领域　　　　　　　　　表 3-1

	启动		计划		执行		控制		收尾	
	知识	应用	知识	应用	知识	应用	知识	应用	知识	应用
集成管理										
范围管理										
时间管理										
成本管理										
质量管理										
人力资源管理										
沟通管理										
风险管理										
采购管理										

个人能力划分为六个方面，针对每个方面，又进一步细分，共有 19 个能力元素。在每个能力元素上，也按照四个级别进行评估，如表 3-2 所示。

个人能力元素　　　　　　　　　表 3-2

个人能力元素	评估	个人能力元素	评估
1. 行动和达成目标		4. 管理方面	
以达成目标为导向		发展他人	
关注指令、质量和准确		指导、面对现实、利用职位权利	
主动性		团队和合作	
信息获取		团队领导力	
2. 帮助和服务		5. 认知方面	
人与人之间项目理解		逻辑思维	
以客户服务为导向		概念思维	
3. 影响力		6. 个人的效率	
直接和间接影响		自我控制	
理解组织		自信	
建立关系		灵活变通	

但是美国项目管理协会的项目管理职业资格认证 PMP 却不是根据上述能力体系进行认证的。PMP 的认证主要根据两部分，资格审查和 PMP 考试。资格审查考量申请者的项目管理工作经验，侧面反映了申请者的管理能力和项目管理知识的应用能力。PMP 考试主要考察申请者对项目管理知识的了解和认识。

3.2.2   国际项目管理协会（IPMA）的能力体系

国际项目管理协会（IPMA）于 2006 年 3 月推出了国际项目管理协会能力基准（ICB）3.0 版本。说明了对于不同级别的项目管理人员的知识和经验的要求，包括项目管理方面的基本术语、任务、实践、技能、管理过程、方法、技术和工具等，并将其分为三个类别：技术能力、行为能力和管理环境的能力。如表 3-3 所示，其中项目管理相关的技术能力有 20 个元素，行为能力有 15 个能力元素，管理环境能力有 15 个能力元素。

项目管理相关的技术能力   表 3-3

技术能力基准要素		行为能力基准要素		管理环境能力基准要素	
1.01	项目管理成功	2.01	领导力	3.01	基干项目
1.02	利益相关方	2.02	承诺与激励	3.02	基干大型项目计划
1.03	项目需求与目标	2.03	自控能力	3.03	基干项目组合
1.04	风险与机遇	2.04	自信与决策	3.04	项目，大型项目计划，项目组合实施
1.05	质量	2.05	缓解能力	3.05	常设组织
1.06	项目组织	2.06	开放性	3.06	业务
1.07	团队建设	2.07	创造性	3.07	系统、产品与技术
1.08	问题解决	2.08	面向结果	3.08	人员管理
1.09	项目结构	2.09	效率	3.09	健康，保险，安全与环境
1.10	范围与提交物	2.10	协商与咨询	3.10	财务
1.11	时间与项目阶段	2.11	谈判	3.11	法律
1.12	资源	2.12	冲突与危机		
1.13	成本与财务	2.13	可靠性		
1.14	采购与合同	2.14	价值评价		
1.15	变更管理	2.15	道德规范		
1.16	控制与报告				
1.17	信息与文档				
1.18	沟通				
1.19	项目启动				
1.20	项目收尾				

IPMA 依据 ICB 能力体系，针对项目管理人员专业水平的不同将项目管理专业人员资质认证划分为四个等级，即 A 级、B 级、C 级、D 级，每个等级分别授予不同级别的证书。国际项目管理专业资质认证（IPMP）是国际项目管理协会在全球推行的四级项目管理专业资质认证体系的总称。IPMP 是对项目管理人员知识、经验和能力水平的综合评估证明，根据 IPMP 认证等级划分获得 IPMP 各级项目管理认证的人员，将分别具有负责大型国际项目、大型复杂项目、一般复杂项目或具有从事项目管理专业工作的能力。

3.3　某集团公司项目经理胜任力测试纲要

3.3.1　基于素质模型的人才甄选体系建设思路

素质模型在人力资源管理领域典型应用之一是人才甄选，素质模型的建立形成了企业关于人才的统一、准确和可客观衡量的标准，是实现对人才精准甄选的核心，进一步通过区分对不同群体的甄选需求，形成从人才标准、甄选工具题本、配套流程及手册、考官技术培训、测评报告及任用发展建议等的完整甄选体系，从而实现对人才甄选的系统性、准确性和长效性。

1. 能力素质模型概述

能力素质模型的概念：能力素质是一个组织为了实现其战略目标，获得成功，而对组织内个体所需具备的职业素养、能力和知识的综合要求，它可通过特定的模型进行测试，如图 3-4 所示。

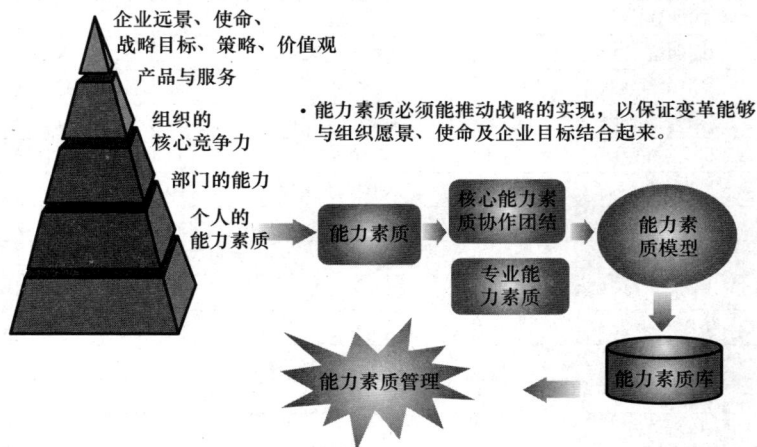

图 3-4　能力素质模型

　　所谓知识是指员工为了顺利地完成自己的工作所需要知道的东西，如：专业知识、技术知识或商业知识等，它包括员工通过学习和以往的经验所掌握的事实、信息、和对事物的看法；能力则是指员工为了实现工作目标、有效地利用自己掌握的知识而需要的能力，如：手工操作能力、逻辑思维能力或社交能力等。通过反复的训练和不断的经验累积，员工可以逐渐掌握必要的能力；职业素养则是指组织在员工个人素质方面的要求，如：诚实、正直等。

　　如图 3-5 所示，无论是职业素养、能力还是知识，它们都是通过一定的行为表现来显现的，但是它们与行为表现的关系又不同。职业素养是一种较为深层的能力素质要求，它渗透在个体的日常行为中，影响着个体对事物的判断和行动的方式。而知识则较直接的在日常行为中被表露出来，能力则介乎于其中。

　　值得一提的是，当谈到能力素质时，应该从组织需求的角度出发，来看其对个体提出的能力素质方面的要求。

　　2. 能力素质的分类

　　通常我们从能力素质的适用范围，将其分为核心能力素质和专业能力素质，其中核心能力素质是针对组织中所有员工的、基础且重要的要求，它适用于组织中所有的员工，无论其所在何种部门或是承担何种岗位；而专业能力素质是依据员工所在的岗位群，或是部门类别有所不同，它是为完成某类部门职责或

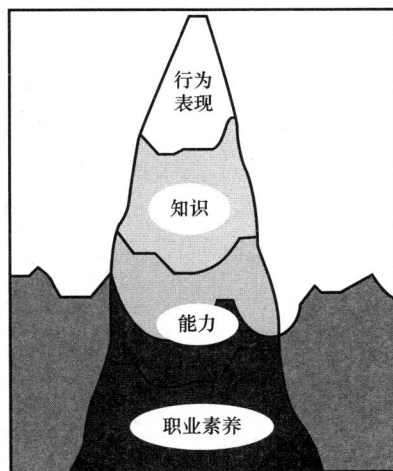

图 3-5　素质、能力和知识的综合要求

是岗位职责，员工应具有的综合素质。从能力素质的行为表现形式来看，又有通用和差别之分。有些能力素质所有的表现者只有唯一的行为表现形式，不会有表现较好者和表现较差者之分，我们称之为通用能力素质；有些能力素质会依据不同的表现者有不同层次的表现，我们称之为差别能力素质。一个核心能力素质的表现形式可能是通用的，也可能是有差别的；同样一个专业能力素质也有可能是通用的，也可能是有差别的。

　　3. 能力素质模型

　　能力素质模型是将能力素质（职业素养、能力和知识）按内容、按角

色或是按岗位有机地组合在一起，职业素养、能力和知识中的每项内容都会有相关的行为描述，通过这些可观察、可衡量的行为描述来体现员工对于该项职业素养、能力和知识的掌握程度。能力素质模型可广泛运用于人力资源管理的各项业务中，如：员工招聘、员工发展、工作调配，绩效评估以及员工晋升等。能力素质模型是企业核心竞争力的具体表现。推行能力素质模型可以规范员工在职业素养、能力和知识等方面的行为表现，实现企业对员工的职责要求，确保员工的职业生涯和个人发展计划与企业的整体发展目标、客户需求保持高度的一致性，推动战略目标的实现，从而赢得竞争优势。安达信借鉴国外的企业管理模式和中国的人事制度改革经验，创造了一套适用于中国企业人力资源管理的整体框架，如图3-6所示。

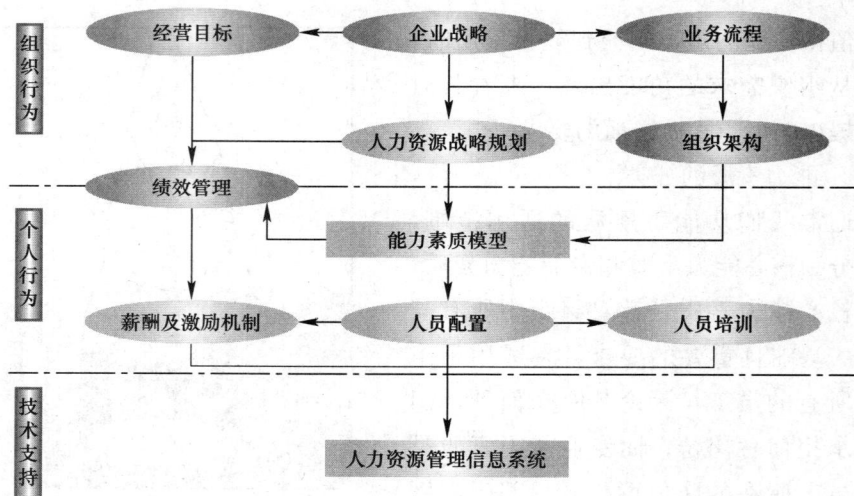

图3-6　中国企业人力资源管理的整体框架

人力资源管理框架主要分为三个层次：第一个层次为组织行为，即针对组织所进行的工作。包含设定企业战略、人力资源战略规划、树立经营目标、设计业务流程和组织架构及绩效管理。其中，由于绩效管理包含针对部门和针对个人的两个不同层面的绩效管理，因此绩效管理属于组织行为和个人行为的共同内容，而在这个层面中的绩效管理为针对部门的绩效管理。第二个层次为个人行为，即针对员工个人所进行的工作。包含能力素质模型建立、人员配置、人员培训、建立薪酬及激励机制和针对个人的绩效管理。第三个层次是技术支持，由人力资源管理系统对整个人力资源框架中所需完成的工作进行技术保障。

能力素质模型是整个人力资源管理框架中的关键环节，它将企业战略与到整个人力资源管理业务紧密连接，避免脱节：企业战略决定能力素质模型，也就是说设计能力素质模型必须以企业使命、愿景和战略目标为基础，以确保员工具备的能力素质与组织的核心竞争力一致，为企业的长期目标服务。企业战略导出的能力素质模型被用于设定个人绩效考核指标中的能力指标，它与业务指标相结合形成完整的绩效考核指标，因此企业战略被细分为个人能力发展目标用于个人绩效考评。针对各个岗位的能力素质模型决定了人员配置所需满足的资质要求，有利于选择和任用合适的人员。在企业招聘时，根据能力素质模型考察应聘者对一些关键能力的学习和掌握的潜质以使他们进入公司后，有能力更好地为完成企业战略目标而努力。在工作安排上，如建立工作小组时，可以根据小组整体的能力素质要求选择具备不同能力的人员参加，以平衡团队能力。为员工的发展做出明确的指导，公司可以根据能力模型制定员工技能发展路线，并根据个人能力模型要求的技能和知识为员工设计培训课程。在制定薪酬及激励机制时，对各个岗位的能力素质要求决定了该岗位的基本薪资水平。通过对能力素质不断评估，以确定员工基本薪酬提升和职位晋升机会。

4. 能力素质模型在人力资源整体框架中的运用

(1) 企业战略决定能力素质模型

在设计组织的能力素质模型之前应该首先审视组织的使命、愿景以及战略目标，确认其整体需求。进而以企业战略导出的人力资源战略和组织架构和职责为基础，设计能力素质模型。这样才能确保员工具备的能力素质是与组织的核心竞争力相一致，能为企业的战略目标服务，确保所培养的员工是满足真正长期需要的而不只是为了填补某个岗位的空缺。

企业战略决定能力素质模型中应就企业的愿景、价值观、企业的使命、核心竞争力、企业近远期战略目标提出相应的目标描述。

① 能力素质模型明确定义既定方面各个层次的行为表现，提供一个统一的衡量标准：在能力素质模型中，对于每个级别的能力素质要求都有具体的行为表现描述。当一个员工的行为表现与其相符时，我们认为该员工已经达到相应的能力素质要求或掌握相关的能力素质。因此，在利用能力素质模型进行员工的招聘、考核等工作时，我们就有了一个统一的、可衡量的标准来

确保公平性和合理性。

② 能力模型将人力资源战略和企业战略紧密结合：由于能力素质模型产生于组织的整体战略和人力资源战略，体现了组织在战略层面上对个体的能力需求。同时，能力素质模型又贯穿于整个人力资源管理日常业务中。因此，通过运用能力素质模型能确保组织的人力资源战略与组织的整体战略紧紧相扣，使人力资源战略为组织的整体发展和战略目标的实现提供更好的服务。如图 3-7 所示。

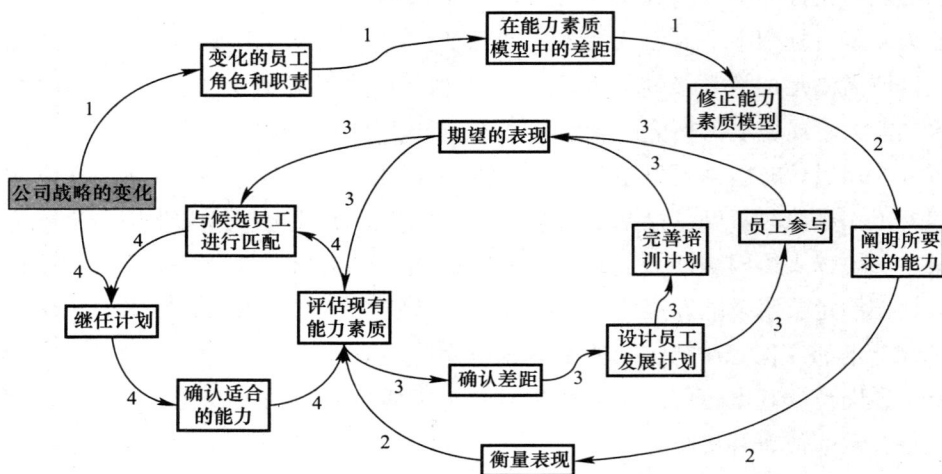

图 3-7　能力模型将人力资源战略和企业战略紧密结合

（2）整体战略指导运用于人力资源集成管理的步骤

图 3-7 简要地说明了能力素质模型是如何将整体战略指导运用于人力资源的集成管理中。

第一步，如 1 号线路表示：当组织的整体战略目标发生变化时，各个部门乃至各个员工的角色和工作职责也发生了变化，组织对于个体的能力素质要求可能也有所不同；此时，原有的能力素质模型可能已经不能完全体现在新的战略指导思想下组织在能力素质方面的需求。必须重新审视组织的战略目标和业务重点，对能力素质模型进行调整。

第二步，如 2 号线路表示：修正后的能力素质模型定义了员工所需具备的能力。在考核时，评估者根据能力素质模型定义的能力素质种类衡量被评估者在日常工作中的各项能力素质表现，得出能力素质评估的结果。

第三步，如 3 号线路表示：将评估得出的现有的能力素质水平与应该达到的符合岗位需求的能力素质水平进行比较，分析得出存在的差距。针对差距，设计员工能力素质的发展计划。设计完员工能力发展计划后，制定出相应的培训计划，在工作过程中，督促员工积极参与培训，并且指导员工在工作中不断根据能力素质要求进行自我提高，最终达到期望的能力表现。

第四步：如 4 号线路表示：如果第二步完成的现有能力素质评估的结果已经达到所在岗位或者上一级的要求；或者经过培训和发展，员工的能力素质得到提高达到了所在岗位或者上一级岗位的要求，根据岗位能力素质模型，与员工现有的能力素质水平进行匹配，决定员工是否留任该岗位或者晋升。以公司战略的指导，能力素质匹配结果为基础制定继任计划和晋升计划。

四个步骤不断循环，其中各项工作内容和能力素质模型随着战略目标的变化不断进行动态的改变，确保人力资源管理战略规划和业务活动始终与战略目标保持一致。

5. 能力素质模型数据库制定/更新流程

（1）范围：建立和更新员工能力素质模型数据库。

（2）控制目标：

① 确保对于员工的能力素质要求与公司的战略目标和人力资源发展目标相一致。

② 确保员工能力素质模型与相应的部门职责/岗位职责、公司组织架构调整、法律法规的要求一致。

③ 确保员工能力素质模型明确定义各个层次的行为表现，提供一个统一的能力素质衡量标准，有效地为绩效评估服务。

④ 确保能力素质模型为员工提供正确的能力发展方向，规范员工的行为表现。

（3）流程涉及部门：总裁办公会，人力资源部。

（4）主要控制点：人力资源部根据公司战略及行动计划、相应部门职责/岗位职责调整、公司组织架构调整方向、绩效考评体系对能力素质模型库的反馈意见，同时考虑法律法规要求更新能力素质模型数据库。人力资源部在更新数据库的专业能力素质部分时，应首先征求各部门总经理对专业能力素质的意见。人力资源部总经理审核核心能力素质模型数据库的更新是否符合要求。人力资源部总经理审核专业能力素质模型数据库的更新是否符合要求。

总裁办公会审阅更新后的能力素质模型数据库。

（5）能力素质模型数据库制定/更新流程涉及的表单流转和职责分工，如表 3-4 所示。

数据库制定/更新涉及表单流转和职责分工 表 3-4

文件名称	编制部门	编制人员	提交部门	提交时限	提交频率
公司战略及公司年度运作计划	董事会及总裁办公会	董事会及总裁办公会	人力资源部	9 月 1 号前的最后一个工作日	每年一次
核心能力素质模型数据库	人力资源部	人力资源部专门人员	人力资源部总经理	9 月 12 号前的最后一个工作日	每年一次
专业能力素质模型数据库	人力资源部	人力资源部专门人员	各部门 ↓ 人力资源部总经理	9 月 5 号前的最后一个工作日；9 月 12 号前的最后一个工作日	每年一次
综合能力素质模型数据库	人力资源部	人力资源部专门人员	人力资源部总经理 ↓ 总裁办公会	提交当日；9 月 15 号前的最后一个工作日	每年一次

（6）核心能力素质模型、数据库使用说明如表 3-5 所示。

数据库使用说明 表 3-5

步骤	填制依据	制表及修改人	填制内容	填制范围
1	·公司战略及行动计划 ·相应的部门职责/岗位职责调整 ·公司组织架构调整方向 ·往年个人绩效考评实施过程中体现出的对能力素质模型的反馈 ·新出台法律法规的要求	人力资源部	相应增减行为指标	"能力素质行为指标"
2	·公司战略及行动计划 ·相应的部门职责/岗位职责调整 ·公司组织架构调整方向 ·往年个人绩效考评实施过程中体现出的对能力素质模型的反馈 ·新出台法律法规的要求	人力资源部	更新相应的行为表现描述	"行为表现"

步骤	填制依据	制表及修改人	填制内容	填制范围
3	・公司战略及行动计划 ・相应的部门职责/岗位职责调整 ・公司组织架构调整方向 ・往年个人绩效考评实施过程中体现出的对能力素质模型的反馈 ・新出台法律法规的要求	人力资源部	适当调整层级的设置，或者"通用"和"差别"能力的互换	"行为层级"

3.3.2　能力素质模型在员工考核管理流程中的运用

（1）范围：个人绩效评估时，评估人和被评估人需根据能力素质模型共同确定被评估人的能力素质发展目标。

评估人根据能力素质发展目标为被评估人在工作中提供指导和建议。

（2）控制目标：由人力资源部确定绩效考核中各个级别的能力素质行为指标和指标层级。

评估人需参考被评估人上一年度绩效评估结果，与被评估人共同制定本年度的绩效考核目标。

（3）员工考核管理流程涉及表单流转和职责分工：如表 3-6 所示。

员工考核管理流程涉及表单流转和职责分工　　　　表 3-6

文件名称	编制部门	编制人员	提交部门	提交时限	提交频率
个人绩效评估表	人力资源部	绩效考核专员	各部门评估人/被评估人制定能力素质目标 ↓	9 月 15 日后的第一个工作日	每年一次
			各部门评估人/被评估人制定业绩目标 ↓	10 月 1 日前的最后一个工作日	每年一次
			人力资源部审批 ↓	次年 1 月 31 日前的最后一个工作日	每年一次
			年中各部门评估人/被评估人调整业绩指标 ↓	15 个工作日内	每年一次
			人力资源部审批 ↓	8 月 15 日后的第一个工作日	每年一次
			年末各部门评估人/被评估人共同进行绩效考核 ↓	8 月 31 日前的最后一个工作日	每年一次
			人力资源部审批	12 月 31 日后的第一个工作日	每年一次

（4）个人绩效评估表、填表说明：如表 3-7 所示。

个人绩效评估表、填表说明　　　　　　　表 3-7

步骤	所处阶段	填表依据	制表及修改人	填制内容	填制范围
1	制表阶段	·更新后的能力素质数据库 ·往年各级别的核心以及专业能力评估要求 ·公司各部门的参考意见	人力资源部	确定各级别人员本年度的核心和专业能力素质的行为指标层级范围要求；同时指定评估者和审阅者级别（可以参考表 3-9）	·"被评估者"级别 ·"评估者"级别 ·"审阅者"级别 ·核心、专业能力"指标层级"范围
2	制表阶段	·更新后的能力素质数据库 ·人力资源部确定的各级别核心、专业能力素质要求 ·本年度各部门各岗位往年的核心、专业能力素质要求	各部门评估人/被评估人	共同确定员工所在岗位的核心和专业能力素质的行为指标要求和相应指标层级	·"被评估者"信息 ·"评估者"信息 ·"审阅者"信息 ·核心、专业能力"行为指标" ·核心、专业能力"指标层级"
3	制表阶段	·公司战略 ·本年度各部门运作目标 ·本年度各部门的部门绩效考核指标 ·本年度各部门各岗位往年的个人业绩考核结果	各部门（营业部）总经理（或总经理指派专人）	确定本部门每个岗位的个人业绩指标名称、权重和目标值	·个人业绩指标部分的"指标名称" ·"权重" ·"指标含义" ·"目标值"
4	个人业绩指标调整阶段	·本年度年中各部门的部门绩效考核调整后指标	各部门总经理（或总经理指派专人）	调整本部门每个岗位的个人业绩指标名称、权重和目标值	·个人业绩指标部分的"指标名称" ·"权重" ·"指标含义" ·"目标值"
5	考核阶段	·年初制定的核心、专业能力素质评估部分的要求	各岗位的评估者	评估者按照被评估者的实际表现，参照年初评估表制表要求，对被评估者该年的行为表现进行评估，并对评估结果签字确认；评估者在被评估者的能力素质被评为"表现突出"或"未达要求"时，应在该能力素质的"主要评价"栏中列举具体实例进行说明	·"行为表现评估" ·"主要评价" ·"主要优点" ·"需改善之处"

续表

步骤	所处阶段	填表依据	制表及修改人	填制内容	填制范围
6	考核阶段	·年初制定的核心、专业能力素质评估部分的要求	各岗位的被评估者	填写与评估者有关能力素质评估的主要分歧	·"评估双方主要分歧"
7	考核阶段	·年中调整后的个人业绩指标部分的要求	各岗位的评估者	对照被评估者的指标实际完成情况,填制评估结果	·个人业绩评估部分的"评估结果"
8	考核阶段	·岗位的能力素质评估结果和个人业绩评估结果	各岗位的评估者	综合被评估者的能力素质表现和业绩指标完成情况,建议采取措施	·表单相应位置
9	考核阶段	·岗位的能力素质评估结果和个人业绩评估结果 ·被评估者与评估者的分歧意见	各岗位的审阅者	给予审阅意见,并签章	·"审阅者意见" ·"审阅者签章"
10	考核阶段	·审阅意见	各岗位的被评估者、评估者	签章	·"被评估者签章" ·"评估者签章"

（5）评估打分依据：如表 3-8 所示。

评估打分依据 表 3-8

评估结果	评估标准
表现突出	表明被评估者超出了预期的目标期望和要求（完全符合或已超过了能力素质模型所定义的行为表现），有非常显著的或突出的表现。此项评分只给予对此项内容表现最佳的员工
达到要求	表明被评估者达到了预期的目标期望要求（基本能达到能力素质模型所定义的行为）
尚待提高	表明被评估者为达到预期的目标期望要求做出了努力并取得了一定的进步,但与预期的目标期望要求尚存在一定的距离（虽然还没有达到能力素质模型所定义的行为表现,但相对于前一个考核期内的表现而言,确实有明显的进步）
未达要求	表明被评估者与预期的目标期望要求存在比较大的差距,需要在下一年做出相当的努力（没有达到能力素质模型要求,同时也没有提高的迹象）
不适用	表明该项技能对于此被评估者来讲是不适合或不适用的

105

（6）评估级别建议表：如表 3-9 所示。

评估级别建议表　　　　　　　　　　　　　　表 3-9

被评估员工级别	差别核心能力素质行为指标层级	评估者	审阅者
总裁级	4	—	—
副总裁级	3～4	总裁	总裁
总部各部门总经理级	3～4	主管副总裁	总裁
总部各部门副总经理级	3	直属总经理	主管副总裁
总部各部门经理级	2～3	副总经理	总经理
总部各部门一般员工	1～2	直属上级	部门总经理

基于素质模型的人才甄选体系建设思路，如图 3-8 所示。

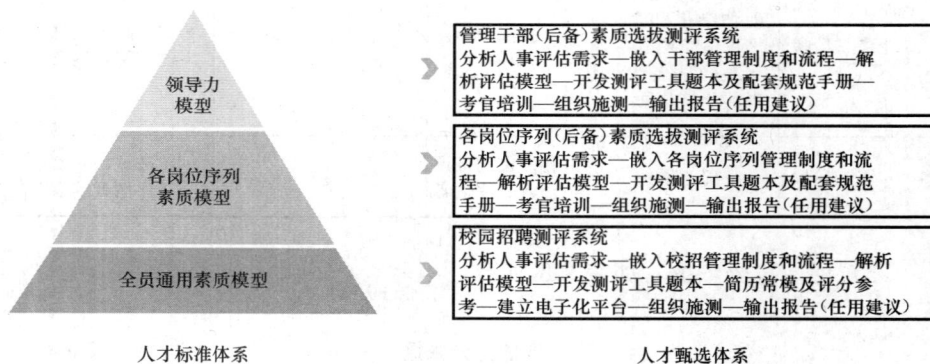

图 3-8　基于素质模型的人才甄选体系建设思路

服务内容：①分析评估人事需求，设计整体解决思路；②从素质模型解析评估模型，形成评估方案；③利用建模获取的情境化访谈材料开发测评工具；④试测及修正测评工具，编制配套手册；⑤建立电子化平台（可选）。

3.3.3　胜任力模型建立的有效步骤

一般来说，建立胜任力素质模型是希望找到保证从事某类工作的员工出色胜任工作和取得高绩效的素质，就某一具体岗位、甚至是某一企业的通用素质来建立素质模型是完全可以的。建立胜任力素质模型如图 3-9 所示。

第一步	第二步	第三步	第四步	第五步	第六步
·选择研究职位	·选择标杆	·关键事件访谈	·构建胜任力素质模型框架	·建立胜任力素质模型	·组织胜任力素质培训与测试

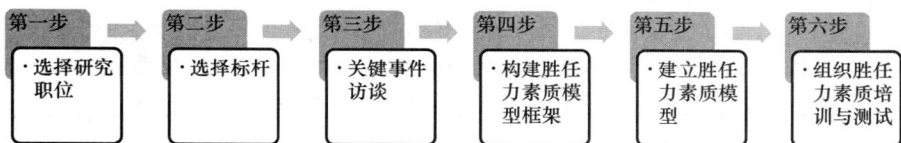

图 3-9　建立胜任力素质模型

第一步选择研究职位：由于受预算、技术及人员等条件的限制，为每一个职位建立素质模型并不可行，也是没有必要的。以素质为基础开展人力资源管理活动，一个主要的前提假设是认为选对人比培养人更为重要，而这又集中体现在核心岗位上人与工作的相互匹配。素质模型的建立，应该根据组织战略的要求，关注于关键岗位与核心人才，挑选那些战略价值最高的职位建立素质模型。

第二步选择标杆：胜任力素质模型的建立是为了找到那些保证产生高绩效的素质要求，因此首先要明确到底什么是所谓的高绩效，要清楚界定高绩效的各类目标的要求和行为表现。确定绩优标准可以通过分析职位说明书或者其他书面资料来获得，但更为常用和有效的一种方法是以那些出色胜任工作的员工为标杆，利用行为访谈技术来获取建立绩优素质模型的各项数据。标杆的选择可以是内部标杆，也可以是外部标杆，这取决于企业在建立素质模型时所选择的参照系，即以组织内的高绩效为目标，还是以区域、行业中的高绩效为目标。

第三步关键事件访谈：提取各类素质信息需要采用关键事件访谈技术，这是因为传统的测量方式无法提取保证工作绩效的有效信息，而关键事件访谈法不仅能够提取知识、经验和技能等信息，而且能有效提取隐性素质内容。由于这些素质内容是从各类工作行为中获得的，因此它们在其他工作情景下也具有良好的适用性。

第四步构建胜任力素质模型框架：除了利用关键事件访谈，还可以利用调查问卷、专家支持系统、数据库等得到大量信息。在获取所需信息后，需要对这些信息进行归类、分析，对提取的素质进行编码、阐述和命名，构建素质模型的基本框架。

第五步建立胜任力素质模型：胜任力素质模型的基本框架建立起来后，需要由专业人员组织分析小组对框架内各项素质的程度、各项素质间的关系进行分析，还要再次经过关键事件访谈及在素质评估中的实践应用来验证素质模型的有效性，不断进行修正，最终建立某一职位的素质模型。

在以上"五部曲"中，关键事件访谈是建立胜任力素质模型的关键。通过关键事件访谈，利用美国 HAY 公司于 1996 年出版的素质词典，能够获取从事某一工作保证产出高绩效的各项素质要求，进而构建素质模型的框架，并最终建立胜任力素质模型。

第六步组织胜任力素质培训与测试：胜任力是指与工作或工作绩效或生活中其他重要成果直接相似或相联系的知识、技能、特质或动机。胜任力可定义为：个体所拥有的导致在工作岗位上取得出色业绩的潜在的、持久的行为特征，也就是一个组织中绩效优异的员工所具备的能够胜任岗位要求的技能、能力、特质。基于岗位的胜任力模型建模步骤如图 3-10 所示。

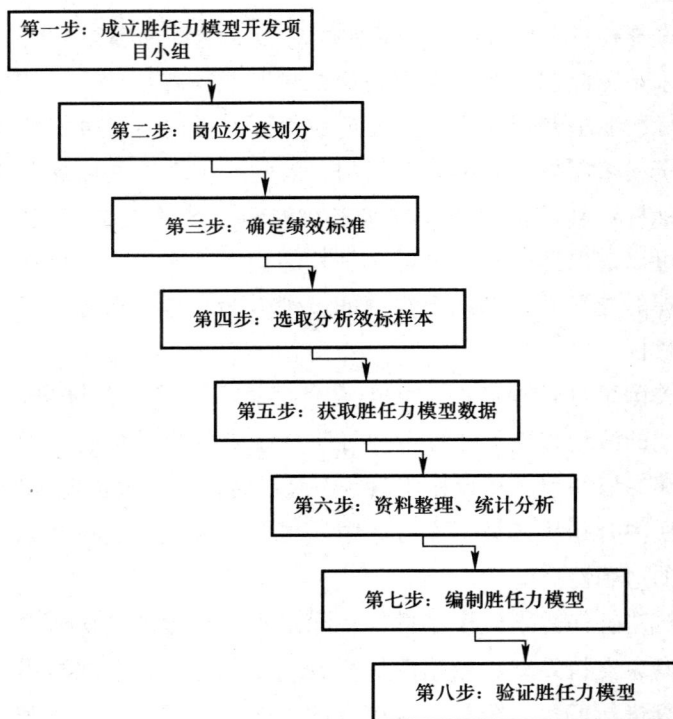

图 3-10　基于岗位的胜任力模型建模步骤

3.3.4　胜任力测试组织与管理流程程序

如图 3-11 所示。

108

胜任力测试组织与管理流程
程序

集团公司主管领导主持、人力资源部门主
管操作

↓

组织胜任力测评领导小组（公司领导、人
力资源部门总经理、专家组负责人参加）

↓

聘请智能中介公司提出胜任力测评方案
（报请集团公司批准）

↓

编写胜任力培训资料

↓

对参加胜任力测评人员组织培训

↓

由公司人力资源部门会同专家组进行胜任
力测评（依据胜任力测评评估表）

↓

提交胜任力测评报告（每人一份）

↓

集团公司参考测评评价及德智体能分配执业

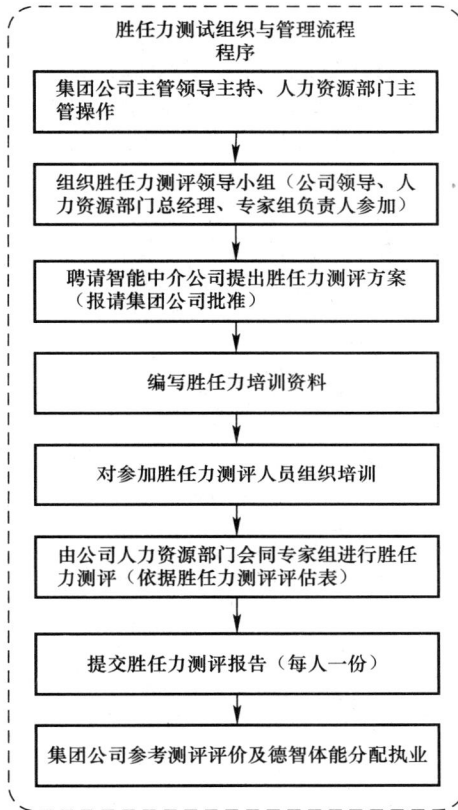

图 3-11　胜任力测试组织与管理流程程序

3.3.5　管理者胜任力评价表

1. 封闭式问题如表 3-10 所示。

管理者胜任力评价表　　　　　　　　　　表 3-10

被考评人姓名：　　　　所在部门：　　　　现任职务：　　　　任现职时间：

考评人姓名：　　　　与被考评人关系：　　　△上级　　△同级　　△下级

封闭式问题（请在你认为适合的评价等级分数上划√）		评价等级（√）				
业绩表现	（1）被考评人对本部门和本人工作职责非常清楚，并确实在过去的工作中制定并实施了大量的、具体的、可衡量的改善措施，且业绩提升明显？	10	8	6	4	2
	（2）因为被考评人管理水平、领导风格、个人魅力等原因，被考评人所管理部门的服务质量、业绩表现或员工工作积极性与以前相比确实有了较为明显的提高？	10	8	6	4	2

续表

封闭式问题（请在你认为适合的评价等级分数上划√）		评价等级（√）				
管理能力	（3）被考评人是否具备完成本职工作所应该具备的知识和经验，并在工作中令人信服地表现出了这些知识和经验？	7	5.5	4	2.5	1
	（4）被考评人是否思路开阔、观念新颖、能够敏锐而准确地发现企业或部门存在的问题，经常有出乎意料的新主意、新点子、新招数、新措施来解决和应对管理中出现的问题？	10	8	6	4	2
沟通能力	（5）被考评人是否能清楚表达自己的想法，正确地对待反对和批评意见，以坦诚开放的态度与人沟通，具备建立双赢人际关系的能力？	5	4	3	2	1
	（6）被考评人是否对周围的同事和下属表示出了足够的尊重，并能够赢得周围同事和下属的充分尊重？	7	5.5	4	2.5	1
行为规范	（7）被考评人是否表现出了非常强烈的敬业精神，能够主动的开展工作，并以较快的速度采取行动，追求即知即行的实践成效？	5	4	3	2	1
	（8）被考评人是否勇于承担责任和风险，"自责自省"，而不是推脱、埋怨？	3	2	1		
	（9）从被考评人实际表现来看，被考评人的言行是否符合企业文化？	3	2	1		
	（10）被考评人是否具有很强的自律能力，能够自觉地、模范地遵守企业的规章制度？	5	4	3	2	1
	（11）被考评人是否能够正确地处理公司利益和个人利益之间的关系，在任职期间没有出现以权谋私、损公肥私或收受客户和下属礼品的行为？	5	4	3	2	1
仅限上级主管回答	（12）被考评人对经营环境、行业发展趋势有良好的研判能力，能够有前瞻性的、独立地制定本部门的工作目标和计划，考虑问题深刻而务实，并能够采取切实有效的措施和行动来实施计划和达成目标？	10	8	6	4	2
	（13）被考评人考核周期内的主要职责项目和主要工作是否能达到上级或公司的要求？	5	4	3	2	1
	（14）被考评人的各工作项目是否都能在预算范围内使用资金？	5	4	3	2	1
	（15）被考评人是否有较强的组织纪律性，能服从指挥、接受领导、按程序处理问题吗？	5	4	3	2	1
	（16）被考评人是否积极主动向您提出大量的改进现状、提高效益的切实可行的措施和建议？	5	4	3	2	1

续表

封闭式问题（请在你认为适合的评价等级分数上划√）		评价等级（√）				
仅限同级同事回答	（17）被考评人是否有良好的整体意识和合作意识，能够很好协调、配合完成共同的工作，对同级部门提出的问题和要求，被考评人能够不推、不等、不靠？	10	8	6	4	2
	（18）被考评人是否能经常听取来自兄弟部门的工作意见和建议，并积极改正？	5	4	3	2	1
	（19）被考评人是否对兄弟部门的工作也提出了很多好的建议，或对涉及多个部门的流程、制度及工作项目经常提出好的改善效率、提高效益方面的建议？	5	4	3	2	1
	（20）被考评人是否能公正、公平地处理自己部门与其他部门之间、自己部门员工与其他部门员工之间的工作冲突、利益冲突或意见分歧？	5	4	3	2	1
	（21）被考评人是否能正确处理公司利益与小部门利益之间的关系，以公司利益为重？	5	4	3	2	1
仅限下属回答	（22）被考评人经常指导（或培训）你的工作，而且指导（培训）的非常有水平，让您非常信服吗？	10	8	6	4	2
	（23）被考评人对你的良好工作表现以及特殊贡献，是否给予及时的表扬或表示感谢？	5	4	3	2	1
	（24）被考评人在人员任用、绩效考评和员工奖惩方面表现得公正、公平吗？	5	4	3	2	1
	（25）在被考评人领导下，你是否经常感到很愉快？	5	4	3	2	1
	（26）被考评人在践行企业文化和遵守公司规章制度方面能否做到以身作则？	5	4	3	2	1
合计得分						

2. 开放式问题

（1）你认为被考评人任职期内，表现了哪方面的优秀素质或做了哪几件值得称道的事情？

（2）你认为被考评人任职期内，有哪些方面的能力素质需要提高或哪些事情做得不够理想？

第4章 项目经理胜任力案例 及国内外相关资料

4.1 南方电网双调工程项目经理测评咨询项目建议书

为深入贯彻落实南网"十二·五"中长期发展规划对工程建设的要求，需要跨越式培养打造一支懂法律、会管控、勇负责、通商务、具有较高专业水平的工程项目经理人才队伍，提升工程项目管理理论与实践应用创新能力，使建设项目管理做到，国内领先，进一步达到国际先进水平，是公司成为"服务好、管理好、形象好"企业的重要工作之一。研究中心有着雄厚的国内外实践经验的专家、教授资源及丰富的研究成果，并依托清华大学的师资科研力量，结合多年来服务电力行业教育培训与管理咨询领域的深厚经验，专门总结和研究大型工程项目的建设经验，提炼最佳实践，面向工程建设行业，服务于大型企业的项目管理体系化建设、大型工程项目建设过程的管理教练与辅导、参与人员的绩效提升培训。加速我国重大工程项目管理与国际接轨，更好地为国民经济建设与发展服务。通过不断扩大国际化的交流与合作，研究中心致力于为中国企业界培养高素质、外向型，既有创新能力又适应国际竞争需要的高层次管理人才，同时也为工程建设行业的同行搭建了一个交流经验和分享智慧的平台。

南方电网调峰调频发电公司工程项目经理测评项目，是打造一支具有国际一流水平工程建设项目经理队伍工作的重要步骤，更是使双调在建抽水蓄能电站项目建成优质工程的重要保证。同时，为集团公司和个人的胜任力提升及可持续发展打下坚实和牢靠的基础。

4.1.1 项目概述

项目经理是项目的管理者和项目团队的领导者，在项目管理中居于核心地位，对项目执行的成败起着决定性作用。项目团队为双调公司提供项目经理测评服务项目的最终目的：就是通过运用项目经理的测评和评估的方法，使管理层能够清楚地知道谁更适合做项目经理。具体来说，就是通过项目经理测评实施的不同阶段和测试方式，了解参加测评人员的素质、能力和资历背景，确定其个人综合能力是否满足双调公司需求；通过测评来提高项目经理的主动性、积极性，同时提升其能力，使企业能提高项目总体效益；能根据测评结果，分析和发现人才，针对性的培养项目经理，同时督促其主动发展、成长，作为项目经理培养手段的一个重要组成部分；使项目管理人员的使用和资源管理更加系统化和合理化。

1. 项目目标

明确双调项目经理（建管局局长）胜任力要求，通过科学的测评，评价其是否具备管理大型项目的能力，并通过测评培养基建后备干部。其中：

（1）短期目标：①对项目经理岗位人员培训提高胜任力；②对现有的组织架构体系下岗位能力设定考评分级；③完善考核方法，建立考评指标筛选体系；④完善测评方法，考评摸底人员基本知识与技能；⑤完善用人机制，强化绩效管理，激励人才脱颖而出。

（2）长期目标：①在竞争日益激烈的市场环境下，保持工程管理水平稳固持续的增长和发展；②建立培养具有工程管理能力人才的学习型体系，强化激励长效机制；③通过项目中的持续培训与实施测评，提高核心人员的素质与实施能力。

2. 国际及国内工程项目管理主要理论依据

当前，国际上比较流行的工程项目管理理论为：以英国 CIOB 和 ICE 为代表的工程项目管理指南和工程合同管理；以 AIA 系列合同条件为代表的美国合同管理格式；以菲迪克国际咨询工程师协会撰写的 FIDIC 系列合同条件为代表的合同管理等。此外，美、英、日等国的工程项目风险管理，自 20 世纪以来亦风靡世界。上述在世界国际工程市场影响巨大、使用广泛，深受业主、承包商、咨询商的青睐，成为各国工程项目管理的典范。我国工程项目管理规定，基本上是参照上述国际工程管理理论并结合我国工程发展阶段的实际情况而制定的，如国家建设部和国家工商管理总局颁布的中华人民共和国合同格式等等。此外，《中国项目管理知识体系（修订版）》（C-PMBOK2006）对本项目测评方案的形成具有指导性意义。该体系从项目管理科学的高度，结合其实际应用性学科的特点，具有理论前沿性、知识系统性、内容权威性、覆盖全面性、表述概要性于一体的鲜明特色。它构建了项目管理的框架，界定了项目管理科学的范畴，明确了项目管理科学的定位。它拓展了项目管理的外延，从所谓一次性任务的"项目管理"拓展到长期性的"项目化管理"至上升为变化管理方法论。它推出了组织项目化管理（MBP）的体系框架及主要内容。在"项目的管理"（MOP）层面的各阶段、各领域的知识模块组织方面，具体地反映了相关知识模块间的关系，提高了项目管理知识体系的系统性、协调性，便于与国际上普遍认可的项目管理九大知识体系的国际接轨和关系对应。

3. 国际大型水电项目对项目经理的胜任力要求

（1）美国项目管理专家，对大型工程项目经理的普遍素质要求

具有本专业的技术理论知识和实践经验：①具有综合管理能力，勇于和主动承担责任；②具有成熟而客观的判断决策能力；③诚实可靠、言行一致、吃苦耐劳、应变能力强；④能处理"非程序性""例外性"的问题；⑤其他方面，如健康、人品、性格、不良嗜好等。

（2）日本企业对公司高层管理人员的素质要求

①十种品德：使命感、责任感、积极性、进取心、忍耐心、勇气、忠诚、老实、公平、热情；②十种能力：思维决定能力、规划能力、判断能力、创造能力、洞察能力、劝说能力、理解人的能力、解决问题能力、培养下级能力、调动积极性能力。

4. 我国对大型工程项目经理的一般要求

中国建筑业协会依据《建设工程项目管理规范》和建设主管部门有关文件精神，制定颁布过一份《建设工程项目经理岗位职业资格管理导则》，其中对工程建设类项目经理的基本素质要求以及大型和中型项目经理应具备的基本能力作了说明：

（1）项目经理基本素质和管理能力要求

①具有良好的职业道德品质和思想政治觉悟，遵纪守法，爱岗敬业，诚信尽责；②具有开拓创新精神和良好的服务意识，事业心强，勇于承担责任；③具有团队精神，善于沟通和处理团队内部冲突，维护建设工程项目相关者的利益，保守项目商业机密；④具有符合相应工程规模要求的管理经验与业绩；⑤具有项目管理需要的专业技术、管理、经济、法律和法规知识，能够应对突发事件与风险；⑥身体健康、精力充沛。

（2）项目经理岗位职业资质等级标准

1）A级项目经理标准及必须具备的条件

① 具有大学本科以上文化程度、工程项目管理经历 8 年以上，或具有大

专以上文化程度、工程项目管理经历 10 年以上；

② 具有建设主管部门认定的原一级项目经理资质，或建设工程类相关注册执业资格（一级建造师、建筑师、结构工程师、造价工程师、监理工程师），或取得过国际（工程）项目管理专业资质认证 C 级以上证书，并参加过工程总承包项目经理岗位职业资质标准培训；

③ 具有大型工程项目管理经验，近 5 年内至少承担过两个以上承包范围投资在 1 亿元以上的建设工程项目的主要管理任务；

④ 能够根据工程项目特点，采取不同项目管理方法，圆满地完成建设工程项目各项任务；

⑤ 具备一定外语水平和计算机应用能力。

2）B 级项目经理标准及必须具备的条件

① 具有大学本科文化程度、工程项目管理经历 6 年以上，或具有大专以上文化程度、工程项目管理经历 8 年以上；

② 具有建设部认定的原一级项目经理资质，或建设工程类相关注册执业资格，或取得国际（工程）项目管理专业资质认证 C 级以上证书；

③ 具有大型工程项目管理经验，近 3 年内至少承担过一个承包范围投资在 1 亿元以上的工程项目的主要管理任务；

④ 具有一定的外语知识和计算机应用能力。

4.1.2　项目需求分析

1. 水利水电项目工程建设项目的一般特点

水利水电工程建设项目一般都是国家投资建设的，项目工程规模巨大，建设周期长，牵涉地域范围广，受外界因素干扰多，涉及人口众多，故其具有以下特点：

（1）水利水电工程工程项目复杂，对计划性要求高

由于水利水电项目是复杂的建筑物群体，工程量大，工程覆盖面广，因此导致项目的施工时间周期普遍较长。而较长的施工时间，就要求有严格的施工准备和缜密的实施操作计划。

（2）水利水电工程项目建设需多种专业相互配合、协调，做出最优决策

对水利水电工程项目建设牵涉的范围广大，需要了解整个建设覆盖区域的工农业生产、社会经济发展、影响人口范围、自然地理环境、建设区域地质状况、建筑材料来源、施工技术保障等各种影响要素，而后各专业根据实

际情况提出方案，经过综合考虑对比后，才能制定最终的具体实施计划。

（3）水利水电工程建设项目极易受到外界自然条件干扰

水利水电项目多在偏远山谷地区的河流上施工，因此受地形地貌、地质水文、气候气象等自然条件的影响很大，整个建设过程的进度受此制约的情况非常严重。

（4）水利水电项目工程建设的安全问题尤为突出

在水利水电项目建设过程中，涉及隧洞开挖、石方爆破、高压用电、高空和水下作业等众多危险源，施工场面大，人多设备多，交叉作业情况随处可见。加上自然条件的变化，对整个施工的安全问题提出苛刻的要求。

（5）水利水电工程建设过程中的协调问题，尤为重要

对外部，由于项目覆盖地域广，工程范围内涉及的单位和人员众多，搬迁、移民、征地、补偿等问题随时都有，如不能很好地协调和处理这些问题，随时都会成为工程的拦路石；对内部，由于项目庞大，其中的建设相关各方众多，各种问题层出不穷，也需要建设单位去做大量的协调工作，理顺各方面关系，以保证工程建设顺利进行。

2. 双调公司抽水蓄能电站建设的特点

双调公司抽水蓄能电站，作为水力发电站建设的形式之一，除了具有上述水利水电工程项目建设的一般特点之外，还有以下一些独特之处：

（1）公司管辖的建设范围跨度大，经济发展情况两极分化，加大了公司的管理工作复杂性

公司建设范围五个省里，既有经济总量排名第一的广东省，也有人均GDP在全国倒数五名里的云南、广西、贵州，还有处于开放最前沿的海南省。沿海开放第一线和最不发达山区这一极端不同的经济和社会背景，会形成对待事物和思考问题方法上的截然不同，这就给双调公司的统一制度管理，造成了很大的阻碍。如何形成一套在不同的地区都能行之有效的管理手段，是双调公司面临需要解决的一大难点。

（2）公司所辖五省里，少数民族众多，民族问题管理难度大

云南省有彝、白、壮、傣、苗等52个少数民族；广西有壮、瑶、苗等11个少数民族；贵州有苗、布依、侗等48个少数民族；海南省有黎、苗、回等30多个少数民族；广东省更是56个民族全部都有，基本上已经是逢山就有少数民族。如此多的少数民族聚居，很容易就会出现在公司建设范围内，这就要求建设单位在解决与当地矛盾的时候，需要更多地考虑国家的民族政策和

影响，加大了管理的难度，对项目管理者也提出了更高的要求。

（3）投资大，时间长，要求高，协调量大

双调公司的水电站建设，投资额度都比较大（基本在 50 亿元人民币左右），建设时间跨度长（3～8 年），对参建单位的整体素质和实力要求较高。水电站建设采取的是完全外包的建设方式，自身不承担建设任务，这对承包商的选择要求就高。要求参建单位具备强大的人员和设备能力，同时技术能力也要非常过硬，否则无法承担如此之大的任务和长时间的持续高强度工作内容；而且，这里的场内建设相关单位有地址勘查、设计、咨询、监理、施工单位、分包单位、物资供应商等，外部还有各级政府相关部门和社会机构都需要业主单位协调。项目越大，工作量越大，对项目经理和整个项目管理团队的协调和掌控能力要求相当之高。

3. 南网基建对工程项目经理的要求

通过上述对双调项目建设特点的分析和对国际、国内项目经理较为普遍高度要求的汇总，双调公司水利水电工程项目经理，需要具备以下方面的特点：

（1）有较为丰富的水利水电项目建设实践经验；

（2）有较高的处理非常规事件的水准；

（3）具备与水利水电项目建设相关的知识和技能；

（4）有国家规定必须具有的执业资格条件；

（5）有良好的决策与计划能力；

（6）有较强的组织与领导力；

（7）善于内外沟通与协调；

（8）对自己有科学的近远期规划；

（9）有良好的廉洁自律力；

（10）能够充分领会公司的方针和意图，并有顽强的执行力。

4.1.3　项目经理测评理论依据

1. 国际常用大型工程项目经理能力测评理论及方法

国际上常用的大型工程项目经理能力测评方法为"胜任力评价模型"分析法：

（1）核心胜任力模型分析

① 原则性、责任心、沟通能力：在对调查问卷里列出的 6 种 A 类胜任力的重要性做排序后，经过非参数检验发现 6 种胜任力的重要性程度是不同的。

核心胜任力分析模型一如图 4-1 所示。

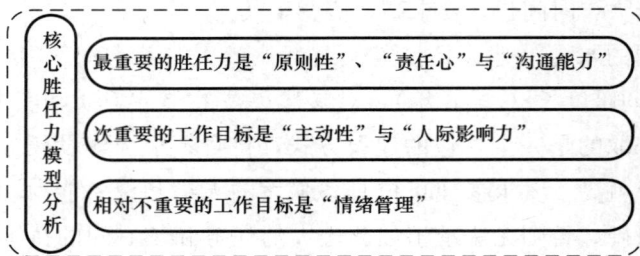

核心胜任力模型分析
- 最重要的胜任力是"原则性"、"责任心"与"沟通能力"
- 次重要的工作目标是"主动性"与"人际影响力"
- 相对不重要的工作目标是"情绪管理"

图 4-1　核心胜任力分析模型一

② 领导能力、分析判断能力、战略思维能力：在对调查问卷里列出的 6 种 B 类胜任力的重要性做排序后，经过非参数检验发现 6 种胜任力的重要性程度是不同的。核心胜任力分析模型二如图 4-2 所示。

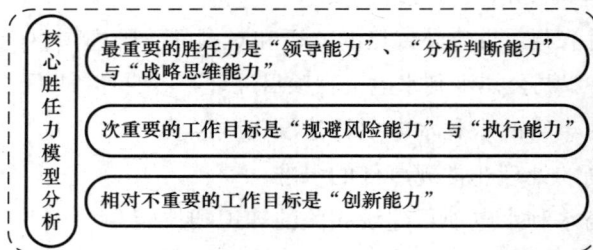

核心胜任力模型分析
- 最重要的胜任力是"领导能力"、"分析判断能力"与"战略思维能力"
- 次重要的工作目标是"规避风险能力"与"执行能力"
- 相对不重要的工作目标是"创新能力"

图 4-2　核心胜任力分析模型二

③ 持续学习能力与成就动机：在对调查问卷里列出的 4 种 C 类胜任力的重要性做排序后，经过非参数检验发现 4 种胜任力的重要性程度是不同的。核心胜任力分析模型三如图 4-3 所示。

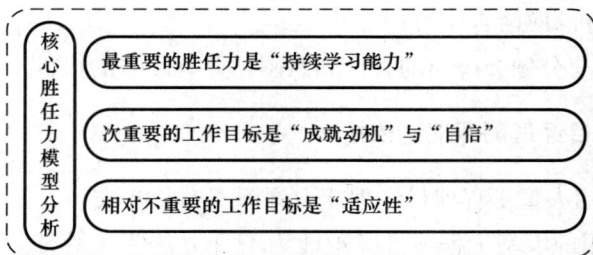

核心胜任力模型分析
- 最重要的胜任力是"持续学习能力"
- 次重要的工作目标是"成就动机"与"自信"
- 相对不重要的工作目标是"适应性"

图 4-3　核心胜任力分析模型三

（2）确定胜任力的过程需要遵循的两条基本原则

①能否显著地区分工作业绩，是判断一项胜任力的唯一标准；②判断一项胜任力能否区分工作业绩必须以客观数据为依据。本着系统性、相关性和

可操作性的原则，所谓胜任力是指在特定工作岗位、组织环境和文化氛围中绩优者所具备的可以客观衡量的个体特征及由此产生的可预测的、指向绩效的行为特征。胜任力基本结构如图 4-4 所示。

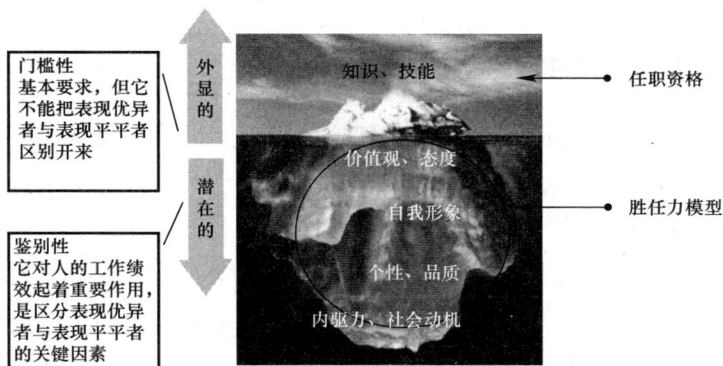

图 4-4　胜任力基本结构图

2. 国内工程项目经理测评方法

目前国内工程建设行业主要采用的工程项目经理测评方法为《中国工程建设职业经理人资格评价能力测评办法》，本办法是根据《中国工程建设职业经理人资格评价标准》的规定和要求制定的，目的是切实做好工程建设职业经理人资格评价过程中的能力测评工作。

（1）工程建设职业经理人应具备的能力

1）基本能力：包括学习能力、写作能力、语言表达能力、思维分析和想象能力、社交能力等。针对不同等级的职业经理人，基本能力的水平应有不同的要求。

2）职业能力：不同等级的职业经理人应具备不同的职业能力。

① 高级职业经理人应具备：贯彻执行和正确理解党和国家方针、政策能力；领导和管理能力；战略管理能力；经营决策能力；人力资源管理能力；创新能力；市场开拓能力；公共关系协调能力；应变与危机处理能力。

② 中级职业经理人应具备：目标管理能力；执行能力；沟通协作能力；组织管理能力；应变与适应能力；市场开拓能力；创新能力；学习能力；开发指导能力。

③ 初级职业经理人应具备：学习能力、执行能力；分析能力；应变与适应能力；辅助管理能力；协作能力。

（2）工程建设职业经理人能力测评模型

工程建设职业经理人能力测评模型，对以上职业经理人应具备的能力项目分别进一步细化为若干子项目，并将各子项目确定为三个水平等级，根据各水平等级的定性表述制定能力测评的量化分值。

4.1.4 胜任力素质结构模型体系及实施方案

狭义理解，提高人员工作效率的理论前提就是通过优化人岗匹配，达到人事相宜，人适其事，事得其人，人尽其才。优化人岗匹配的基础是明确该岗位职责任务是什么；为了有效完成这些职责任务，对任职人员有什么要求等等。旨在探索"能够导致高效和/或优良工作绩效的员工潜在特征，如以往绩效、能力品质、技巧、知识体系等"的胜任能力模型研究，以有助于确定员工高效完成工作任务所需要的资格条件，便于选聘、培训、考核员工及其职业发展方面的指导。对于工程项目经理测评及其发展管理理念、制度建设，都具有较大的现实和长远效应。

1. 胜任力素质结构模型体系

如图 4-5 所示。

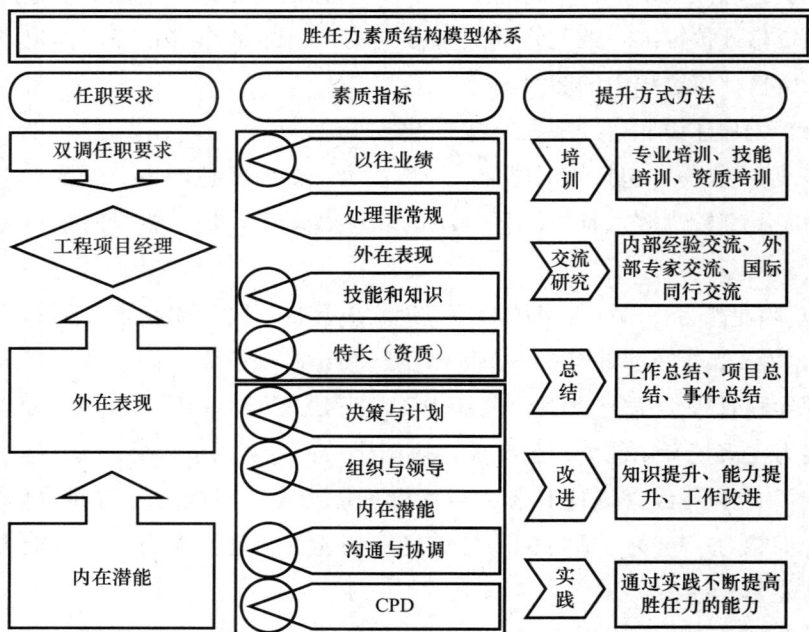

图 4-5 胜任力素质结构模型体系

2.项目实施方案

（1）资料研究：对南网基建管理制度及双调基建管理制度进行深入研讨与分析。

（2）前期调研：①对双调公司所属建管局进行调研，了解工程实际情况和培训需求；②为进行针对性的案例分析收集资料；③资料研究和前期调研是为了深入了解双调工程建设实际及培训需求，是后续的拟定测评培训大纲、编制讲义、拟定测评及跟踪考察试题等一系列工作的基础；④前期调研的另一重要目的是了解工程项目的管理状况及人员工作情况，即工程现场考察，为后期面试考评作基础。

（3）拟定测评及培训大纲

① 测评大纲将根据双调公司的具体安排和计划，明确整个项目经理测评的流程与实施步骤，作为整个方案实施的指导；

② 培训作为测评流程的一个重要环节，其主要内容大纲将根据双调公司所提出的最直接、最迫切的知识需求内容，同时整合顾问专家的意见而拟定，以达到确实能通过培训实施来提高参加测试人员能力的预期。

（4）培训前测（出题及阅卷）

① 通过测试的手段，对参加测评人员目前的知识能力进行初步的信息收集和评估；

② 通过培训前测的结果，对培训大纲主要内容和侧重点做出针对性的调整，在总体培训框架不变的前提下，能更好的满足补充知识，提高参加测试人员能力的实际需求；

③ 测试范围：管理理论知识（指定书目和重点内容），对南网及双调公司基建管理制度的掌握程度，对所负责项目的熟悉情况。

（5）编制培训教材（含远程辅导）

根据工程项目经理胜任力模型，确定其应该掌握几大知识模块为：水电工程项目法律法规模块；水电工程项目管理模块；水电工程项目经济模块；水电工程项目技术模块。

因市场上现有的教材浓缩度和针对性不强，案例不够丰富，对教材重新修订、丰富。

（6）培训实施

1）面授培训实施，采取集中授课及现场研讨方式进行。

① 集中授课：根据双调公司规划，集中授课分为两期（A、B级混合

班），每期 5 天。

② 现场研讨：因时间限制，培训期间晚上举行现场研讨，A 级学员必须参加。

2）具体集中授课时间以双调公司的时间计划为准。

（7）拟定测评笔试及面试题

1）笔试题拟定：根据培训教材和专家授课的主要内容，选取关键知识点进行测试。针对 A、B 两级参加测评人员出两套试卷，力求既有广度又有深度，以保证能体现每位参测人员的真实水平。主要题型包括单项和多项选择题、问答题、案例分析题等。

2）面试题拟定：根据个人综合评估报告里的主要评估指标，由专家组初拟面试试题库，经与双调公司共同研讨最终确定，测试时可随机抽取。面试题将有足够的深度可供被测学员发挥，以达到充分展示其自身综合能力的目的。

（8）考前辅导答疑

对参测人员进行考前辅导，在面试前一天进行，主要帮助测评人员掌握知识结构，不致出现重大缺陷，本项内容是专家经多年面试考察经验总结。

（9）测评实施（出具个人评估报告）

1）笔试部分

① 笔试方法：A、B 两级班统一集中进行测试，专家统一阅卷评分；

② 笔试范围：根据培训讲义和专家授课的主要内容，选取关键知识点进行测试。

③ 各项内容所占比例：如表 4-1 所示。

各项内容所占比例　　　　　　　　　　　　　　　　表 4-1

考 察 内 容	所占比例	测 试 能 力
水电工程项目管理概论	10％	
水电工程项目管理法律法规及风险分析	15％	
水电工程建设项目投资与造价管理	15％	基础知识掌握（70％）
水电工程工程项目现场管理	15％	
水电工程工程项目现场管理	15％	
水电工程项目典型案例分析	30％	实际应用能力（30％）

2）面试部分：

① 面试方法：采取由专家组对每位参测人员进行单独面试评分模式，每名参测人员将在规定时间内，进行自我陈述、回答专家提问。

② 面试范围及分值比例：如表 4-2 所示。

面试范围及分值比例　　　　　　　　　　　　　表 4-2

考 察 内 容	所占比例	测 试 能 力
项目管理知识与经验	30%	• 项目经理对项目的进度、质量、费用、合同、风险管理等的管理程度；
自我评估情况	20%	• 项目经理的团队协作、沟通能力、领导能力、创造力等
实践中的项目管理实用知识与技巧	50%	

③ 面试小组专家构成：面试小组将由清华厚德工程项目管理研究中心资深专家与双调公司相关领导共同组成，针对 A/B 两级不同层次的参测对象分别组织。

3）出具评估报告

专家组将根据综合评估报告的考察项目，对每位学员的表现进行记录和分析评估，并结合笔试成绩进行综合评分，出具个人综合评估报告，作为技术依据，供双调公司领导决策使用，如表 4-3 所示。

个人综合评估报告示例　　　　　　　　　　　　表 4-3

报 告 标 准	根据/评论	标准分数	得分	备注
以往实施基建工程项目的业绩	项目管理经验的年数、所负责项目的复杂程度、项目的实施成果	18		
决策与计划能力	决策的有效性，计划实施的可行性	15		
组织与领导能力	项目经理的知识、技术、经验，管理项目的组织管理过程、组织机构图、责任矩阵等；领导方式的有效性	10		
沟通与协调能力	沟通计划、沟通形式、沟通效果的反馈	12		
处理非常规事情的创新和能力	问题的识别、创新点、采取的创造性活动、达到的效果	15		
传授技能和知识的能力	项目团队对知识的了解程度	10		
其他特殊技能特长，行使目前职能的有效性	获得的其他相关证书	10		
科学可行合理的 CPD（持续职业发展计划）		10		

（10）学习效果跟踪考察（两次）：学习效果跟踪考察，是保证整个项目经理测评体系持续运行、体现长期效果的重要措施。可以避免在测评主体实施阶段所有参测人员积极关心，测评完成后又逐渐淡忘；年轻同志较为积极，中层骨干相对放松的不利局面发生。同时，后期的跟踪考察，还能够起到督促所有参测人员，始终保持持续学习、主动提高的目的。学习是一个长期坚持的过程，只有持之以恒地不断坚持，才能体现出材效果。而一个人能力的提升，也是通过一个长期的积累，才最终量变引起质变，不可能一劳永逸、一蹴而就。人都是有惰性的，期望所有参测人员能在繁忙的工作之余，全部

自觉的养成良好的学习习惯，并一直坚持，从客观上讲，可能性还是比较小的。所以在培训与初次测评完成后，为了保证测评的长期运行，体现出长期效果，避免发生"当时人人重视，事后烟消云散"的状况发生，我们还拟定了后期的持续复查机制，以保证参加测试人员的持续学习和能力逐步提高。

1）学习效果跟踪考察的作用

① 通过时间跨度长达一年的两次后续考察，可以对参测人员的学习主动性自觉性形成推动力，督促其持续不断进行学习，并及时吸收新知识与信息；从而养成良好的学习惯性，培养学习和充分发挥个人的潜能与能动性；

② 参测人员在日常工作中面对问题，最方便的总是搜寻自身知识去寻求解决方案，在自身经验不足的情况下就会寻求外部援助。这样一来，参测人员对经常学习的培训教材就会更好的理解和运用，使知识真正转化为个人能力提高；另外，如遇到棘手问题，参测人员可联系我们的专家团队，寻求外部支援，达到提高了解决问题的能力；

③ 通过后续考察测试，我们可以大致了解所有参测人员的学习态度和知识接受情况，并可从中发现有主动性努力提高自身能力行为的人员，对这类人员，我们会特别留意并报备双调公司，为公司的后备人才培养提供参考；

④ 后续考察测试，完全可以纳入个人年度绩效考核中去，作为其中重要的一个部分体现其价值。

2）学习效果跟踪考察实施

学习效果跟踪考察的实施将在 2012 年年中和年末分两次进行，分为笔试和座谈两个部分：

① 笔试范围：测评培训教材（将考虑历次测试知识点的重复问题）；南方电网和双调公司的相关标准、规范、文件（与双调公司协商确定）。

② 面谈范围：采取单独面谈或者座谈的形式，与参测人员就工作中实际发生问题的进行讨论与研判。

在后续考察中，通过笔试可以理解参测人员对知识的掌握情况（或者说理解个人对学习的态度如何）；通过面谈可以与前次的考察进行比较，发现其中能力有明显提高的参测人员，提出供双调公司参考。两次后续考察都将出具个人考察报告，对个人发展情况进行跟踪。报告不仅只列出该个人的成绩，还会成为一个标尺，体现出该个人在全体和所属局部的位置，并对其持续改进的方向提出建议。

4.1.5 项目经理胜任力素质模型管理流程

如图 4-6 所示。

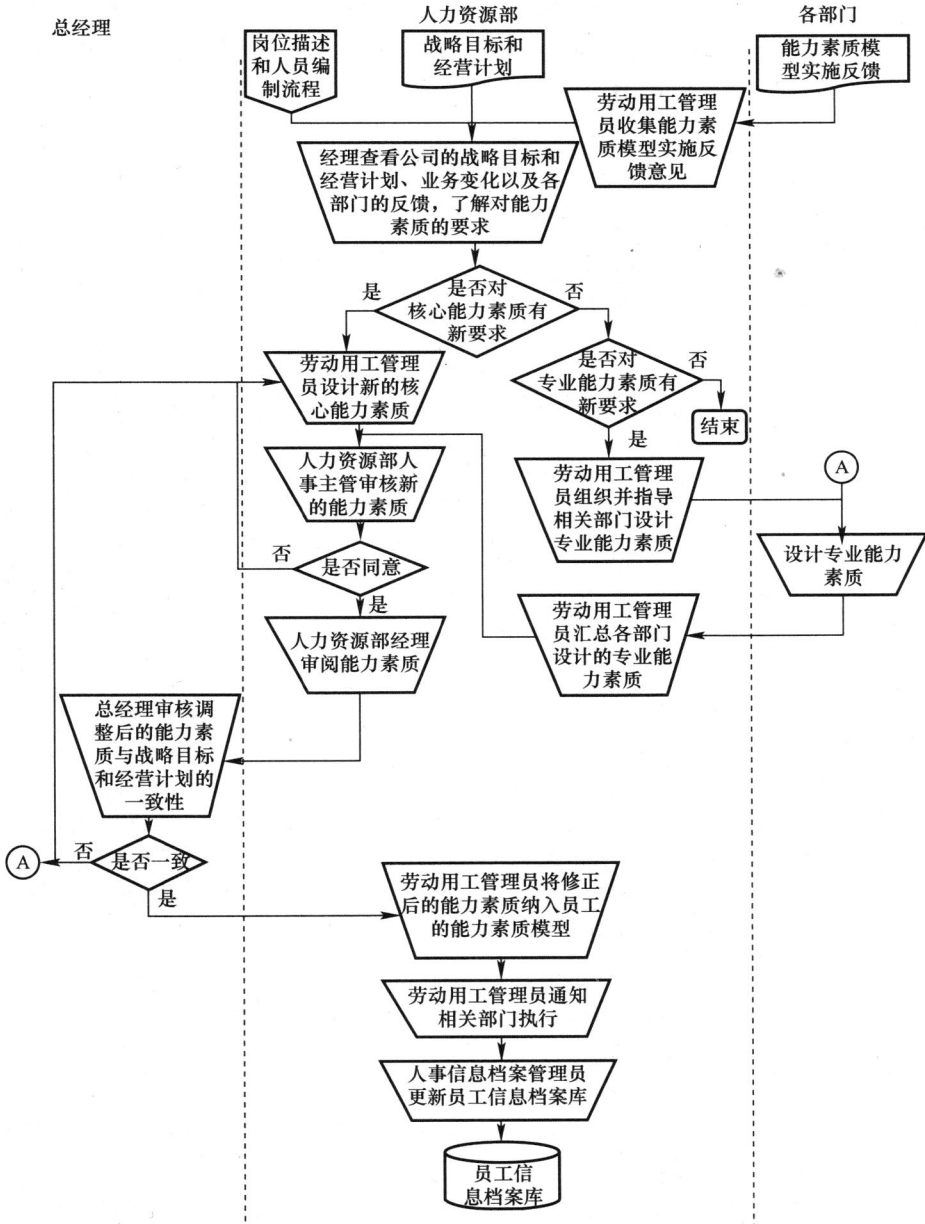

图 4-6 集团公司项目经理胜任力素质模型管理流程

4.1.6 项目进度计划

方案中的第一至第三阶段，包含讲义编制、培训实施及测评实施三个主要部分，时间建议为2011年9月至2012年1月，跨度4个月。方案第四阶段为学习效果年中/年度跟踪考察，建议时间为2012年6月及12月，跨度分别为1个月，如表4-4所示。

调峰调频发电公司工程项目经理测评进度计划　　　　表4-4

阶段	序号	工作名称	主要内容	责任部门	主要责任人	完成时间	说明
第一阶段：编制培训讲义	1	提交培训大纲	培训课程设置方案	清华厚德	杨俊杰	5天	以合同签订时间为起始点
	2	对培训大纲进行确认	与对口部门进行沟通，确认培训内容	合作双方	合约双方代表	5天	具体时间以双调公司为准
	3	培训前测	对现有工程管理人员能力进行摸底测试	清华厚德	杨俊杰	5天	具体时间以双调公司为准
	4	汇编培训讲义	1. 水电工程项目管理概论 2. 水电工程项目管理法律法规及风险分析 3. 水电工程建设项目投资与造价管理 4. 水电工程工程项目现场管理 5. FIDIC合同条件的应用与双调现行合同对比 6. 水电工程项目典型案例分析 7. 抽水蓄能电站技术要点 8. 流程管理	清华厚德	杨俊杰	25天	初拟讲义内容，合同签订后双调公司可根据自身实际状况提出更具体需求进行完善
第二阶段：培训实施	5	双方确认培训实施时间及方式	双方沟通确定培训的人数、批次、级别、授课的方式、具体的时间表	合作双方	合约双方代表	5天	根据与双调公司协商确定
	6	执行培训计划	根据最终决定的培训时间计划，实施培训与研讨	清华厚德	杨俊杰	25天	最终与双调公司协商内容后确定
第三阶段：测评实施	7	笔试、面试试题题库	根据培训对象级别的不同，差别化组织试题	清华厚德	杨俊杰	10天	
	8	笔试、面试题目的审定	由有关负责人，对中心提出的笔试、面试题目进行审定	清华厚德	杨俊杰	5天	
	9	确定笔试时间并实施	由有关负责人确定笔试实施的具体时间及方式	双调有关部门	双调公司联系人	15天	包括阅卷工作
	10	确定面试时间并实施	由有关负责人确定面试实施的具体时间及方式	双调有关部门	双调联系人	15天	
	11	提交项目经理测评报告	根据笔试及面试的结果，对整个项目经理测评结果进行总结，形成报告呈送双调公司	清华厚德	杨俊杰	5天	评估报告分为个人报告和综合报告两部分

续表

阶段	序号	工作名称	主要内容	责任部门	主要责任人	完成时间	说明
第四阶段：学习效果跟踪考察（2012年中/年度）	12	年中/年度考察笔试	根据培训大纲范围与测评实施题库，确定笔试内容，对知识掌握情况进行考察	清华厚德	杨俊杰	15天	包括阅卷工作
	13	年中/年度考察面谈	采用单独面谈或小组座谈的方式，考察在工作中对培训知识的运用、思考及疑问等情况	清华厚德	杨俊杰	5天	可分为个人单独面谈、小组座谈等不同方式进行
	14	出具年中/年度个人学习效果跟踪考察报告	对个人学习情况、知识掌握情况、知识运用情况等进行综合评价，根据考察结果与测评结果的比较，对个人发展情况进行跟踪	清华厚德	杨俊杰	10天	

4.2 略论大型工程承包项目的管理

下面以迪拜迈丹（MEYDAN）皇家跑马场工程的实施为例，略论大型工程承包项目的管理。

4.2.1 项目概况

1. 项目简述

Meydan 跑马场将是一个集会议、酒店、娱乐和赛马运动为一体的运动枢纽中心，全场可容纳 80000 名观众，如图 4-7 所示。

项目拥有 2500m 长的沙地跑道和草地跑道各一条，超五星级酒店，马业博物馆，影剧院，展览中心，艇库码头，总建筑面积 85 万 m²，合同金额 21.8 亿迪拉姆，钢结构工程用钢量 6 万 t，工程合计用钢 12 万 t，高架桥工程 2.4km，玻璃幕墙项目

图 4-7 迪拜迈丹皇家跑马场实景航拍图

总面积 6 万 m²，合同工期：18 个月。它是有史以来中国建筑企业进入迪拜所承接的最大单体建筑项目。合同采用 FIDIC 菲迪克条款，标准采用英国 BS 标准；价格模式：固定单价；发包模式：以 D. B 为总模式并结合 EPC、D. BB 和 C. M。

2. 业主介绍

Meydan L. L. C. 是阿联酋副总统、阿联酋总理和迪拜酋长穆罕默德·本·拉希德·阿勒马克图姆全资拥有，以合作、共享、振兴体育原则为归依

而建立的公司。"Meydan"这个名字源于一个阿拉伯名词，意思为"聚会的地方"，Meydan 公司保留了这一理念。公司已建成了一个由 4 个独特的区域组成的互联的城市景观，在这里商务、运动、大都会生活相辅相成，互相补益。迪拜赛马世界杯由现任阿联酋副总统、阿联酋总理和迪拜酋长穆罕默德·本·拉希德·阿勒马克图姆发起、组织。在 Meydan 皇家赛马场举行的赛马奖金是任何全球体育赛事基准的顶峰。

3. 参建方

（1）建设单位：Meydan L. L. C. 。

（2）设计单位：TeoA. Khing Design Consultants Sdn. Bhd. （Dubai Br）。

（3）监理单位：TeoA. Khing Design Consultants Sdn. Bhd. （Dubai Br）。

（4）施工总承包单位：广厦中东建设有限公司。

（5）参建分包方：大地钢结构、龙门钢结构、中铁钢结构、龙升幕墙等十五家中国分包单位；还有 120 多家当地分包单位。

4.2.2 项目特点

本项目是迪拜酋长对全球宣布 2010 年 3 月 27 日将举办第十五届赛马世界杯的比赛场地，时间是不允许更改的，与中国奥运会场馆一样，工期只能倒排，是金融危机过后迪拜仍保留的三个重点项目之一，在迪拜具有独特性以及特有的影响力。该项目具有以下要点和难点：

（1）项目体量大（建筑面积 85 万 m^2）、工期短（18 个月）；

（2）涉及专业多（土建结构、钢结构、高架桥、公用隧道、机电、消防、天然气、玻璃幕墙、装修等）；

（3）关键工序交叉（土建结构、钢结构和高架桥交叉施工），处于边设计、边施工状态；

（4）与业主的沟通，与监理、咨询公司的沟通等繁多；

（5）管理团队的组建要求多快好省，施工人员的管理（4000 人）；

（6）全球金融危机和迪拜债务危机带来的困难尚未脱险，资金的运筹有一定困难。

4.2.3 策划与问题的解决

1. 团队设计

在项目建设过程中，各专业团队的合理设计非常重要，直接关系到各部门、各专业之间的协调配合，直接影响项目的实施和成败。

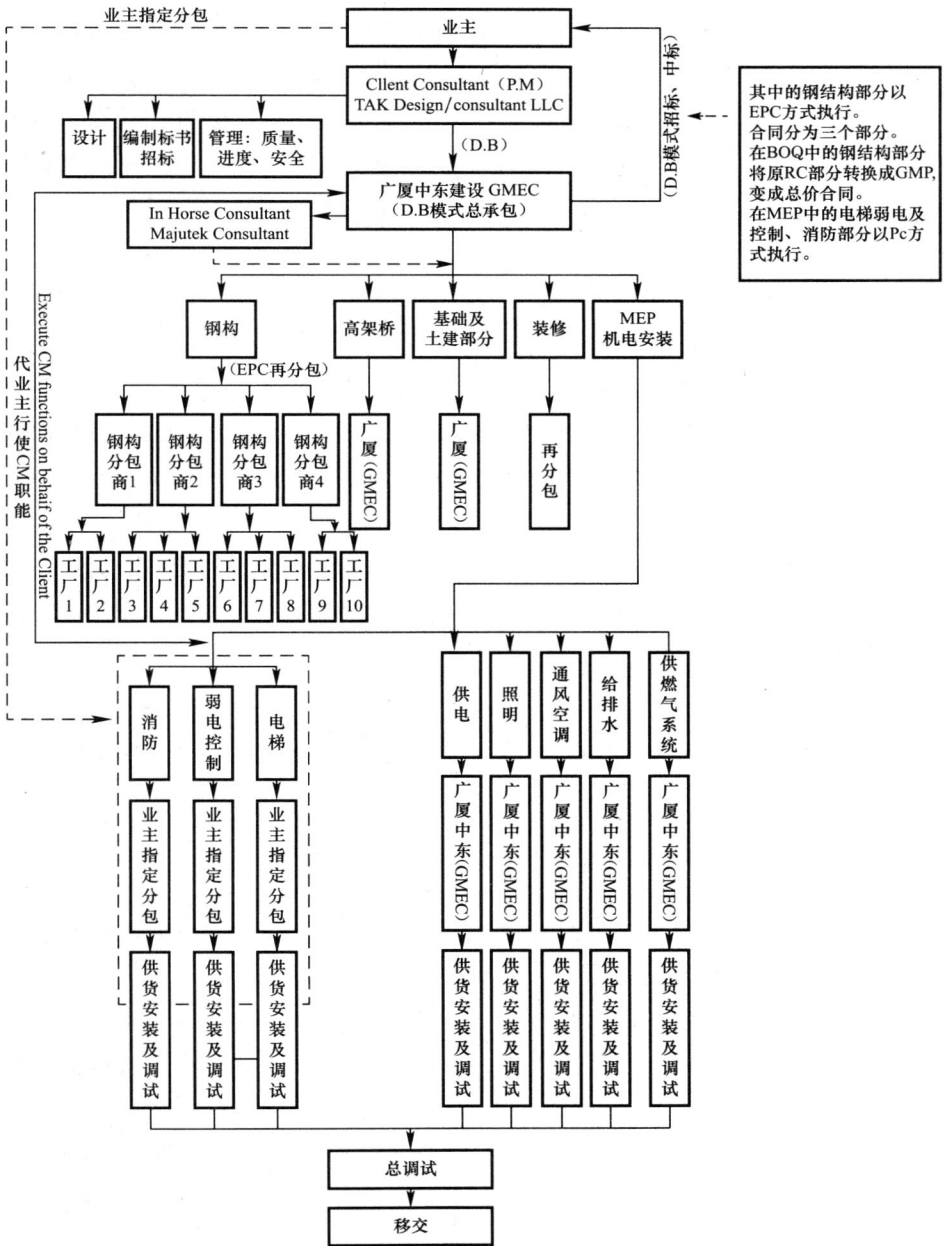

图 4-8　迪拜迈丹皇家跑马场团队设计

129

（1）广厦中东作为总承包商以 D．B 模式中标。

（2）土建及工用工程部分分包的招标采用 D．B 及 DBB 模式，包括：结构工程；机电、水、暖通工程；内外装饰工程；钢结构工程；幕墙工程；钢结构部分对业主采用 EPC 模式承包并以 EPC 模式，再对外分包项目。

（3）业主指定分包：对于一些与业主有特殊关系的分包商或者受当地法律、法规约束，经由具有当地政府所批发特殊资质的分包商，采用业主指定分包模式：如：消防工程；燃气供气工程；高压变电、配电工程；再入市政网工程；其他市政配套工程等。

（4）广厦中东对各业主指定分包（Nominateel Contractor）采取 CM（Construction Management）模式：

① N．C 直接与业主洽谈价格。②广厦中东与 N．C 签订 N．C 合同。③广厦中东对 N．C 的进度、质量、安全进行管理。④广厦中东向业主收取固定比例的管理费和利润。⑤内部管理团队设计。

管理队伍从以 5 人为基础开始组建，边施工边组建，最终管理人员为 210人。管理人员涵盖专业：设计、预算、计划、材料采购、土建、钢结构、高架桥、玻璃幕墙、装修、暖通、强电、弱电、消防、法律、财务、物流、外贸。

2．管理人员国别

中国、马来西亚、新加坡、印度、巴基斯坦、埃及、叙利亚、阿联酋、菲律宾、意大利、约旦。

4.2.4　工程项目实施及策略

（1）大胆创新，改变项目整体结构形式。将整个项目结构由钢筋混凝土改为钢结构。钢结构方式为 EPC，价格方式为 GMP。

（2）合理分区，按区域实行分包。钢结构设计风险由我们承担。将整个项目分为三个大区：1 区、2 区、3 区，分别以 EPC 方式分包给三家钢结构分包商。

（3）边施工边设计。三家分包商同时对各分包的区域进行钢结构的结构设计、施工图设计、工厂加工图设计。设计、报批、修改，再设计、再报批，直至批准。工厂生产→海运→到达现场→安装。

（4）优化设计，控制成本。全部钢结构优化设计，要求各分包商必须将用钢量控制在 $70kg/m^2$ 以内，以便部分价格不超出 GMP。

（5）高架桥、钢结构交叉施工。

（6）高架桥、幕墙交叉施工。

（7）现场施工时间最大化。

工作时间：7 月、8 月、9 月每天三班 18 个小时作业，1 月、2 月、3 月、4 月、5 月、6 月、10 月、11 月、12 月每天三班 22 小时作业。总用工时：2600 万小时。

4.2.5 流程管理

管理流程的细化能使每一个职能部门直至每一位员工都能准确无误地了解各自的岗位职责和工作流程，使每一项指令都能得到高效、坚决地执行。

针对迪拜皇家跑马场项目的特点，设定了项目部组织架构图、公司组织架构图，各部门、各专业分包单位在此组织架构图的框架下展开工作，并设定了一系列管理流程供遵守，如图 4-9～图 4-38。

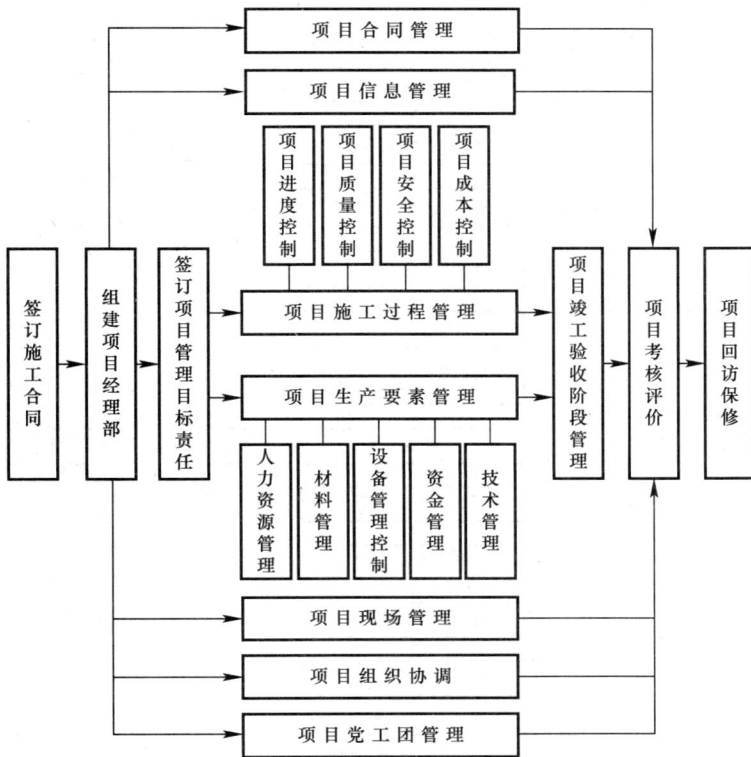

图 4-9 施工项目管理程序

131

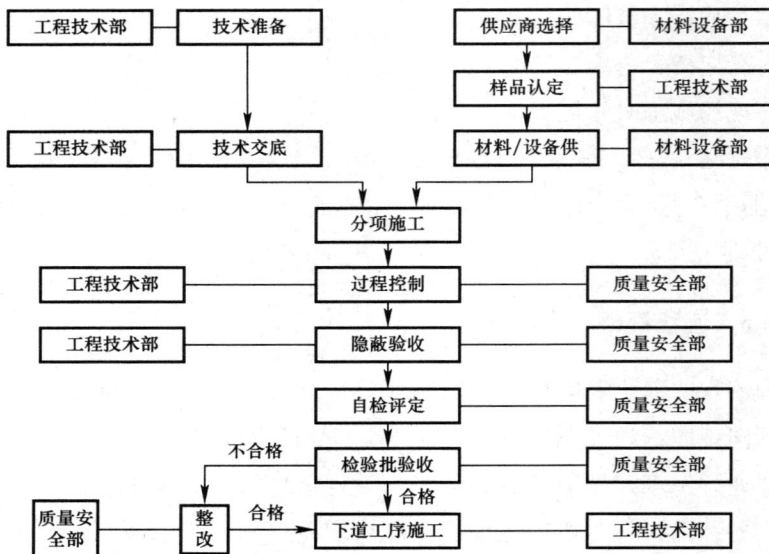

图 4-10　分项施工控制程序

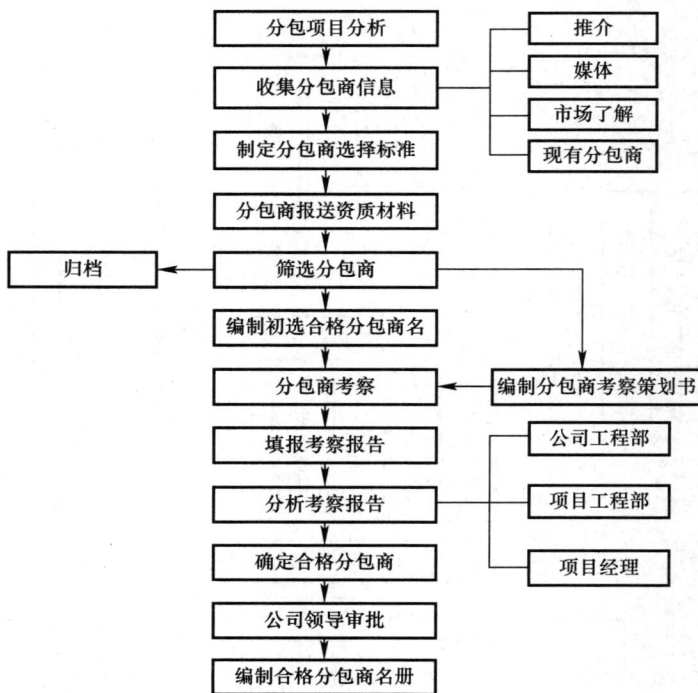

图 4-11　合格分包商选择流程

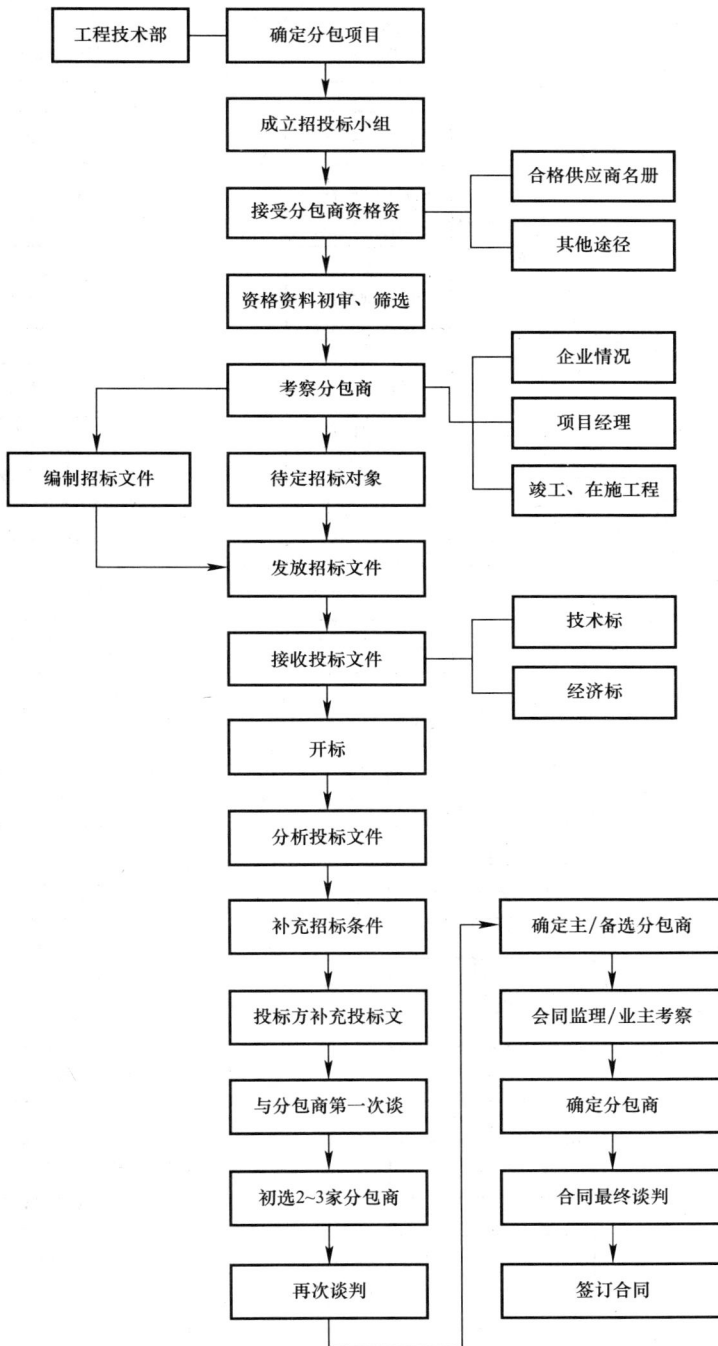

图 4-12　合约管理部门流程

```
┌─────────┐              ┌──────────────┐
│ 进度计划 │─────────────│ 生产经理/项目总工 │
│ 初步设想 │              │ 工程技术部/分包商 │
└────┬────┘              └──────────────┘
     │
┌────▼────┐              ┌──────────┐
│ 提供工程量│─────────────│  商务部   │
└────┬────┘              └──────────┘
     │
┌────▼──────┐            ┌──────────┐
│ 施工进度计划 │───────────│ 工程技术部 │
│ 的编制及优化 │            └──────────┘
└────┬──────┘
     │  不同意
┌────▼────┐              ┌──────────┐
│ 项目部审核│─────────────│  生产经理 │
└────┬────┘              └──────────┘
     │ 同意  不同意
┌────▼────┐              ┌──────────┐
│ 项目部审批│─────────────│  项目经理 │
└────┬────┘              └──────────┘
     │ 同意  不同意
┌────▼────┐              ┌──────────┐
│ 监理审批 │─────────────│ 工程技术部 │
└────┬────┘              └──────────┘
     │ 同意
┌────▼────┐              ┌──────────┐
│ 发送相关人员│───────────│ 工程技术部 │
└────┬────┘              └──────────┘
     │
┌────▼────┐              ┌──────────┐
│ 记录实际进度│───────────│ 工程技术部 │
└─────────┘              └──────────┘

生产经理总工程师
各部门、专业工长分包商
```

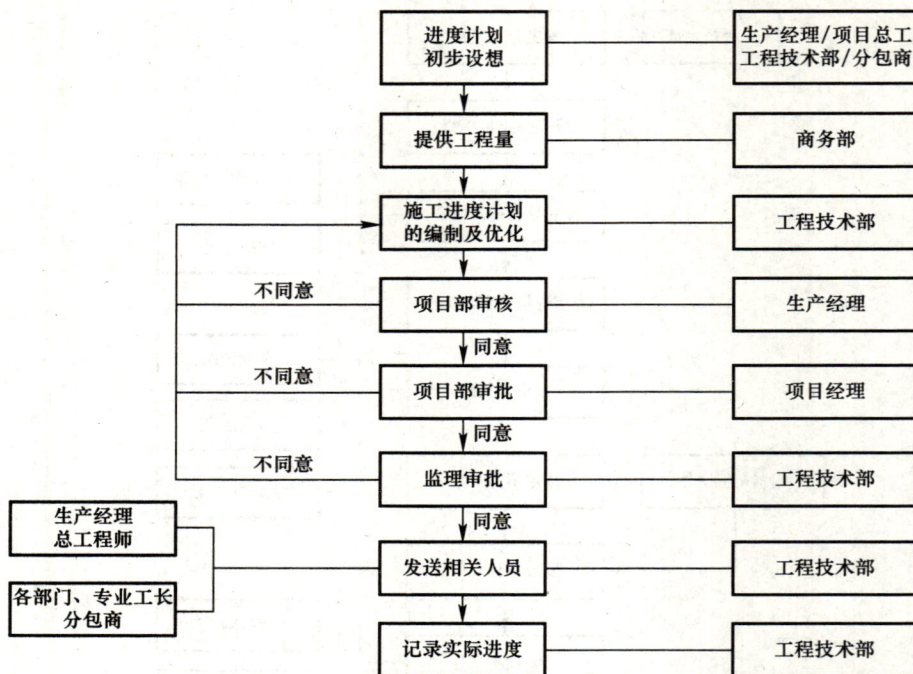

图 4-13　施工进度计划编制程序

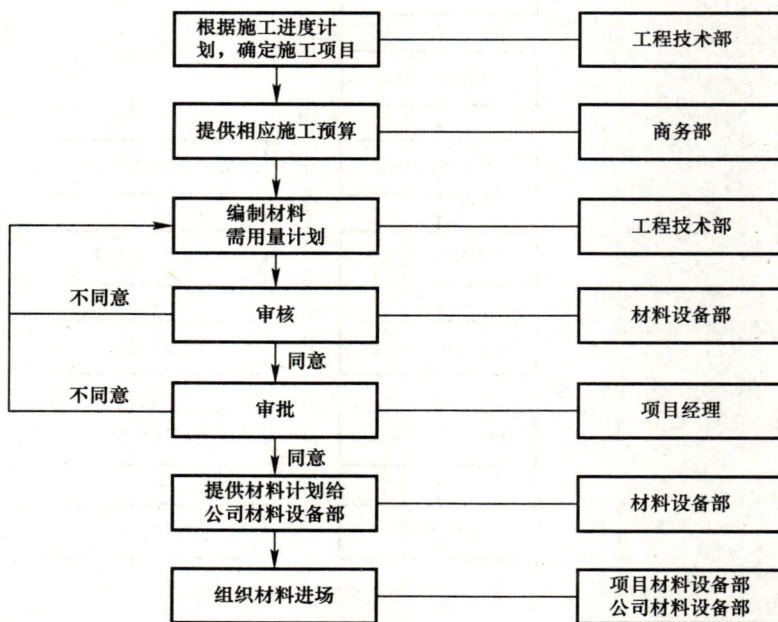

```
┌──────────────┐            ┌──────────┐
│ 根据施工进度计 │───────────│ 工程技术部 │
│ 划，确定施工项目│           └──────────┘
└──────┬───────┘
       │
┌──────▼──────┐            ┌──────────┐
│ 提供相应施工预算│──────────│  商务部   │
└──────┬──────┘            └──────────┘
       │
┌──────▼──────┐            ┌──────────┐
│  编制材料    │───────────│ 工程技术部 │
│  需用量计划  │            └──────────┘
└──────┬──────┘
       │ 不同意
┌──────▼──────┐            ┌──────────┐
│    审核     │───────────│ 材料设备部 │
└──────┬──────┘            └──────────┘
       │ 同意  不同意
┌──────▼──────┐            ┌──────────┐
│    审批     │───────────│  项目经理 │
└──────┬──────┘            └──────────┘
       │ 同意
┌──────▼──────┐            ┌──────────┐
│ 提供材料计划给 │───────────│ 材料设备部 │
│ 公司材料设备部 │           └──────────┘
└──────┬──────┘
       │
┌──────▼──────┐            ┌──────────┐
│  组织材料进场 │───────────│ 项目材料设备部 │
└─────────────┘            │ 公司材料设备部 │
                           └──────────┘
```

图 4-14　材料需用量计划编制程序

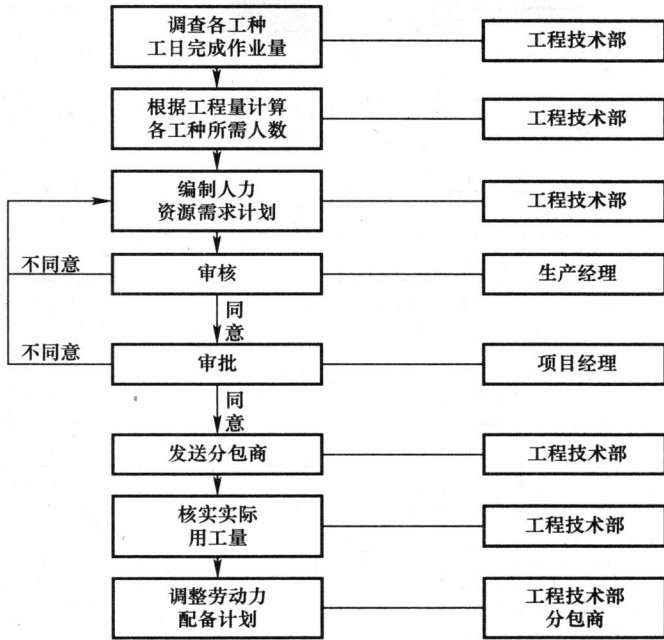

图 4-15 劳动力配备计划编制程序

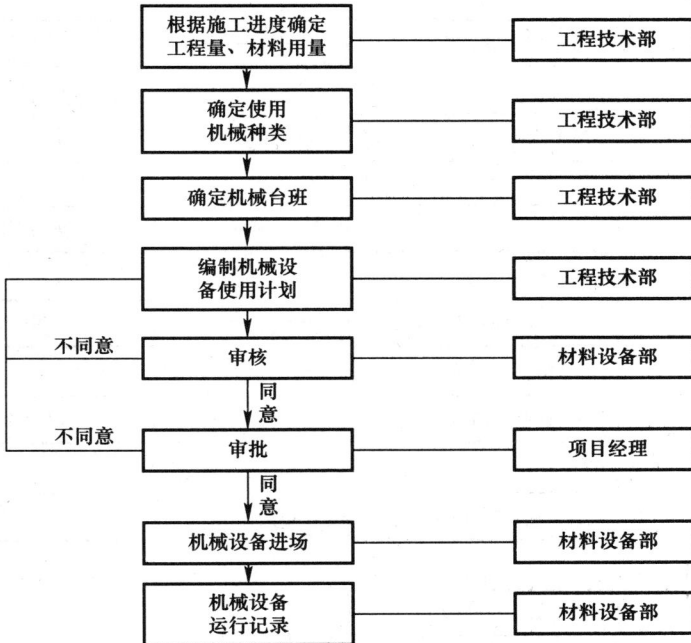

图 4-16 机械设备运行计划编制程序

钢筋原材进场	材料设备部
钢筋初验	材料设备部、质安部
	工程技术部、分包商
监理初验	
钢筋原材取样复试	工程技术部
通知材料设备部试验结果	工程技术部
钢筋半成品试加工	钢筋加工班
钢筋半成品正式加工	钢筋加工班
钢筋半成品预检	工程技术部、质安部
钢筋半成品标识	钢筋加工班
钢筋半成品吊运、绑扎成	钢筋绑扎班
班组三检	钢筋绑扎班
专检、填写钢筋检验批记	质安部
填写钢筋隐蔽工程记录	工程技术部
通知监理验收	质安部
进入下一道工序	

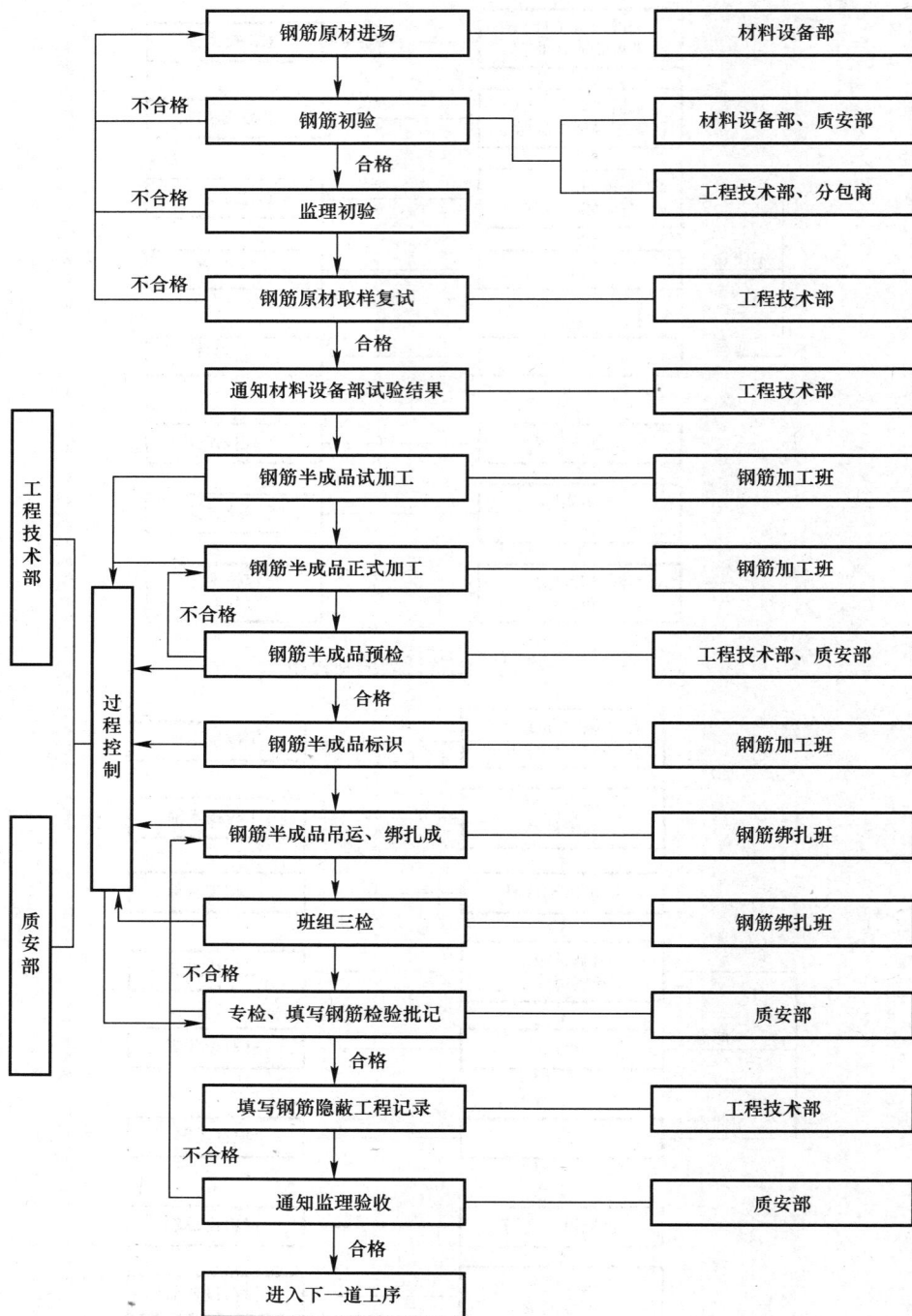

图 4-17　钢筋工程施工管理程序

编写施工方案		工程技术部

材料及人员准备		劳务公司

工程技术部		技术安全交底		工程技术部
	过程控制	模板安装		劳务公司
质安部		班组三检		施工班组

合格

进行整改	不合格	专检		质安部

合格

	不合格	报监理验收		质安部

合格

工程技术部		钢筋绑扎		劳务公司
	过程控制	混凝土浇筑		劳务公司
		拆模报告		工程技术部
质安部		模板拆除		劳务公司

资料整理		工程技术部

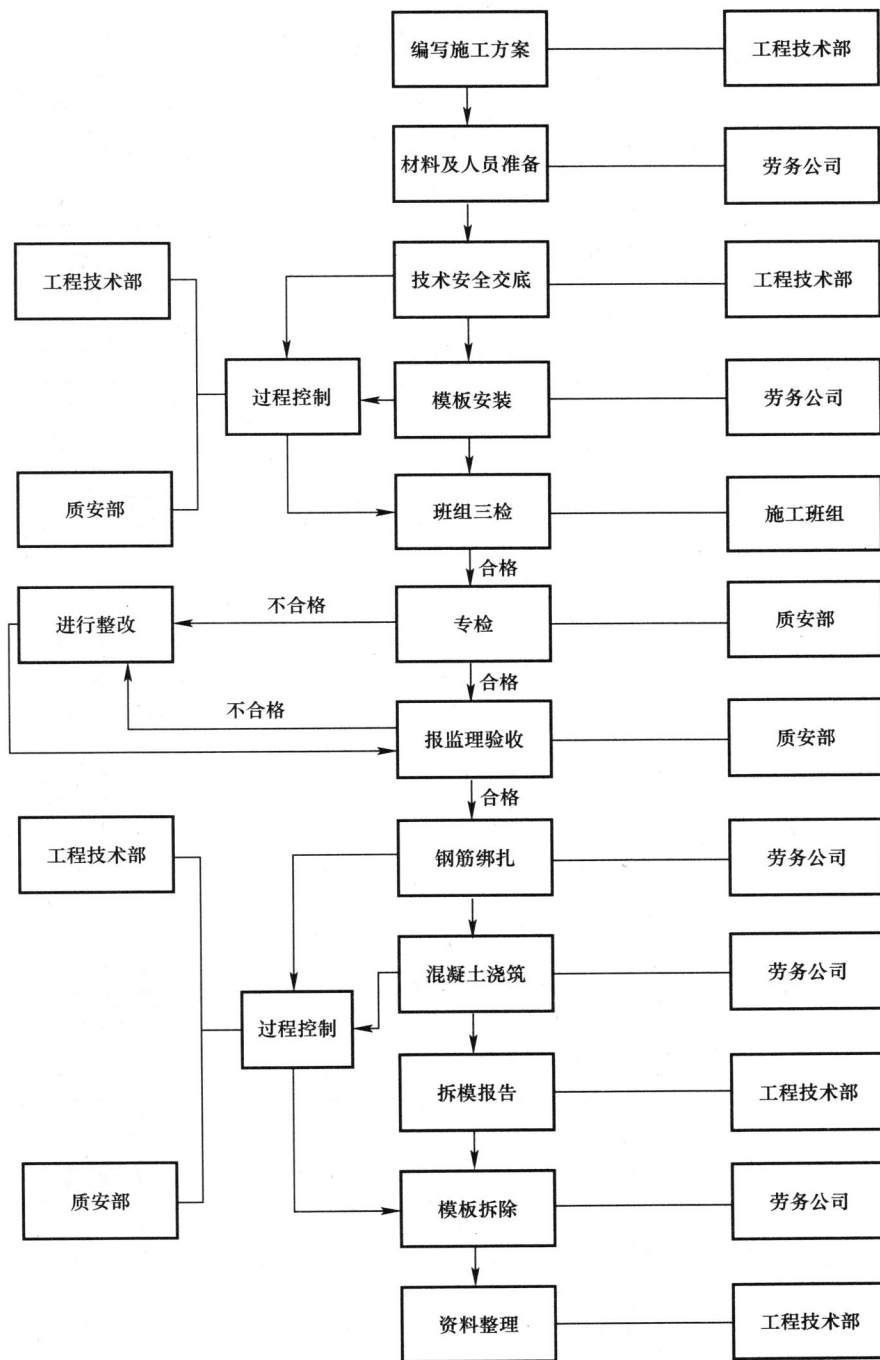

图 4-18　模板工程施工管理程序

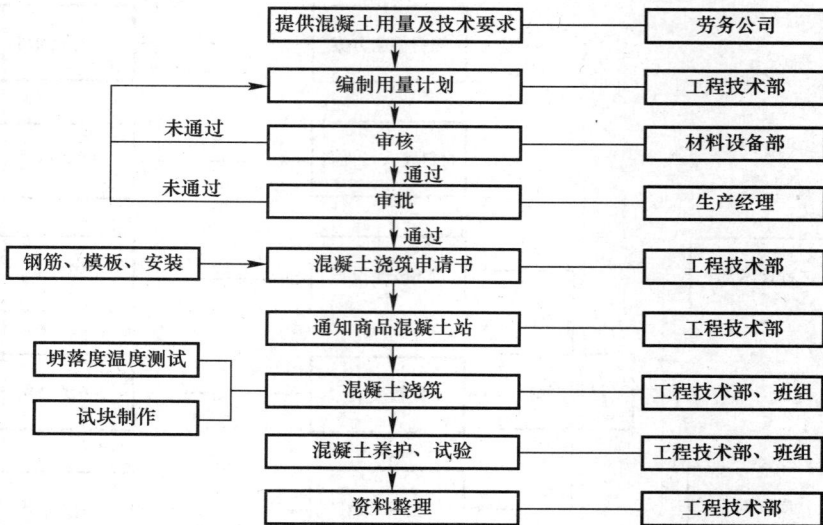

图 4-19　混凝土工程施工管理程序

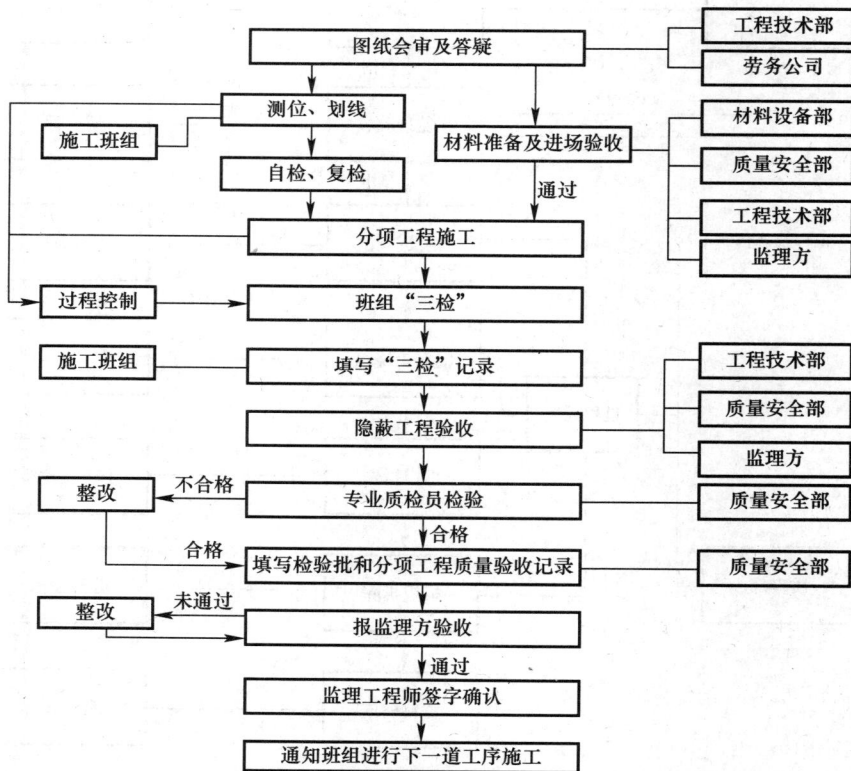

图 4-20　安装工程预留、预埋工作流程

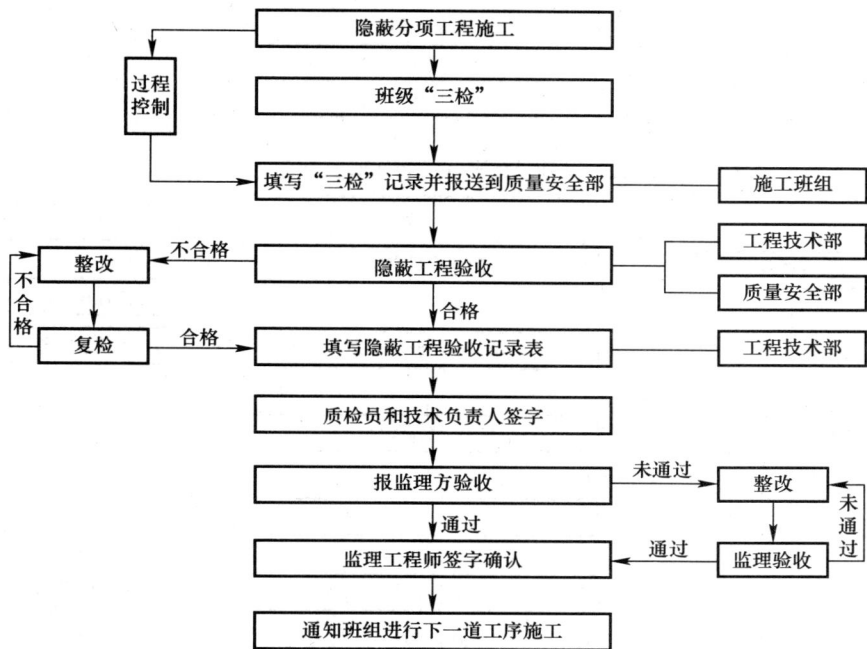

图 4-21　安装工程隐检工作流程

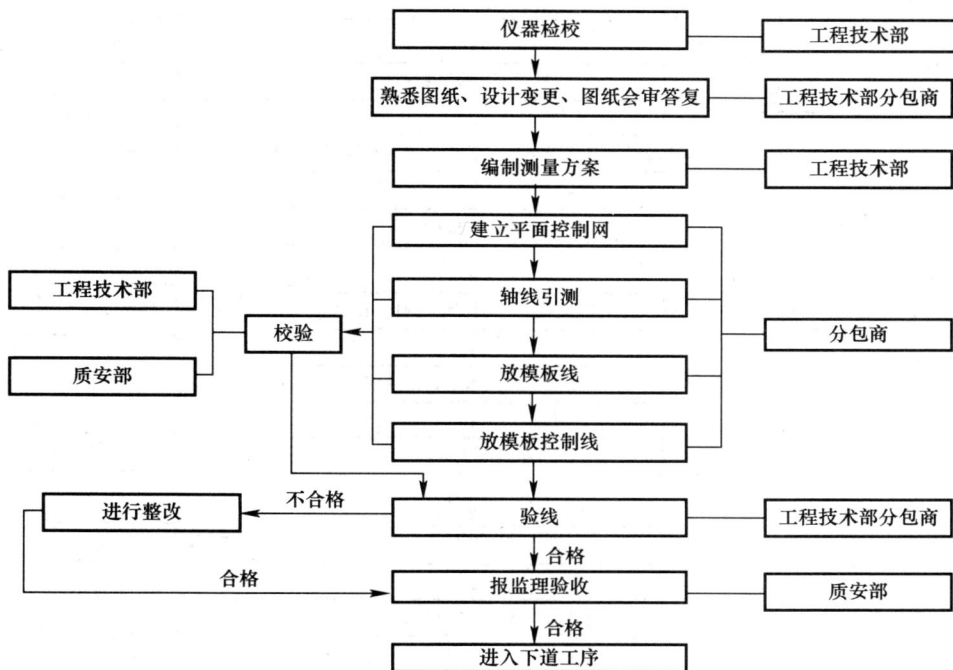

图 4-22　测量放线控制流程

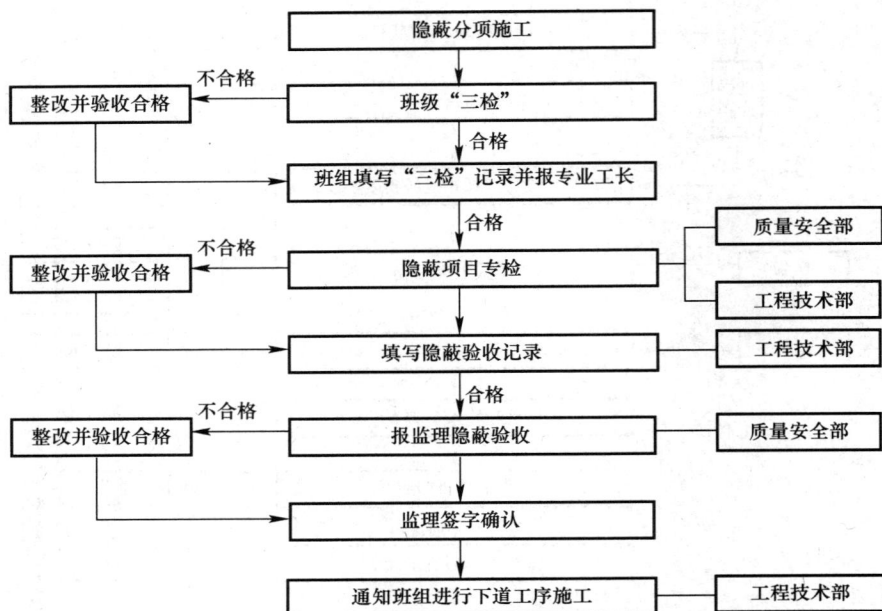

图 4-23　隐蔽工程验收程序

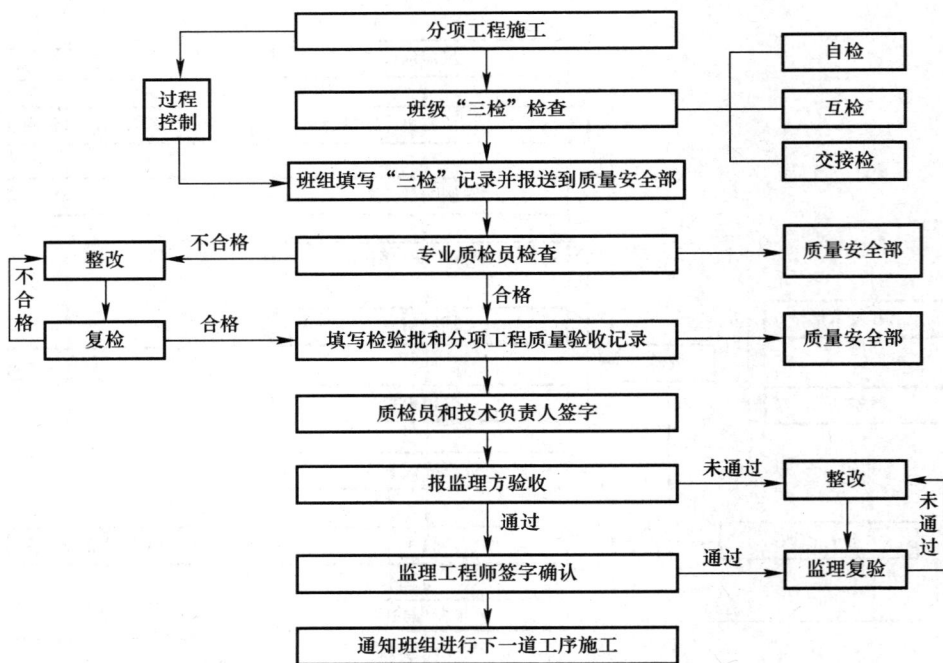

图 4-24　检验批报验流程

```
                    合格供应商的选择 ──┬── 项目材设部
                                      ├── 公司材设部
      公司领导 ──── 确定合格供应商 ──┘── 项目经理

                    编制合格供应商名 ──── 公司材设部

      工程技术部 ──── 材料需求计划 ──── 项目经理审批

                    材料采购计划 ──── 公司材设部

      合格供应商名册 ──── 选择供应商 ──┬── 项目材设部
                                      ├── 业主、监理
                    签订合同 ──────────┘── 公司材设部

      质保资料 ──┐                  ┌── 合同策划
                 ├── 供货 ───────────├── 合同设计
      物资台帐 ──┘── 验收、入库 ──────├── 合同评审
                                      └── 项目材设部
      公程技术部 ──── 限额领料

                    过程控制 ──── 项目材设部

                    物资回收 ──── 项目材设部

                    材料成本分析 ──┬── 项目材设部
                                   └── 公司材设部
```

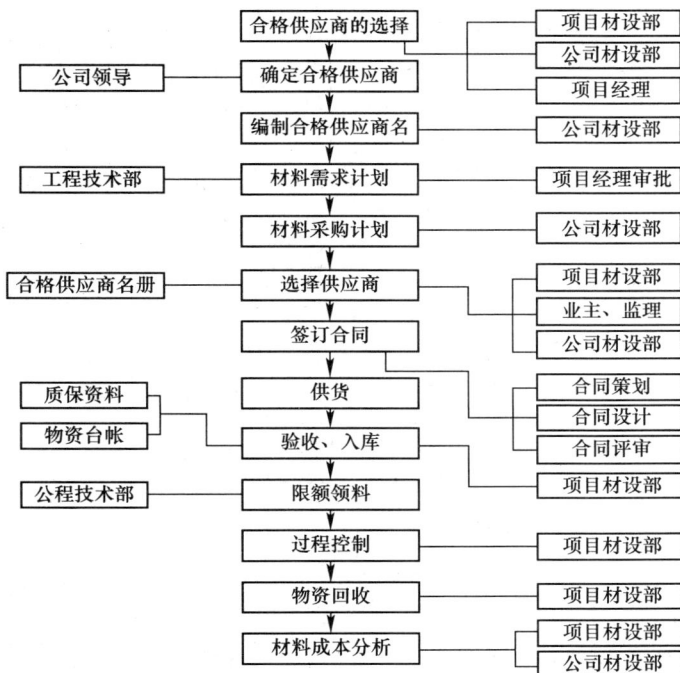

图 4-25　材料管理流程

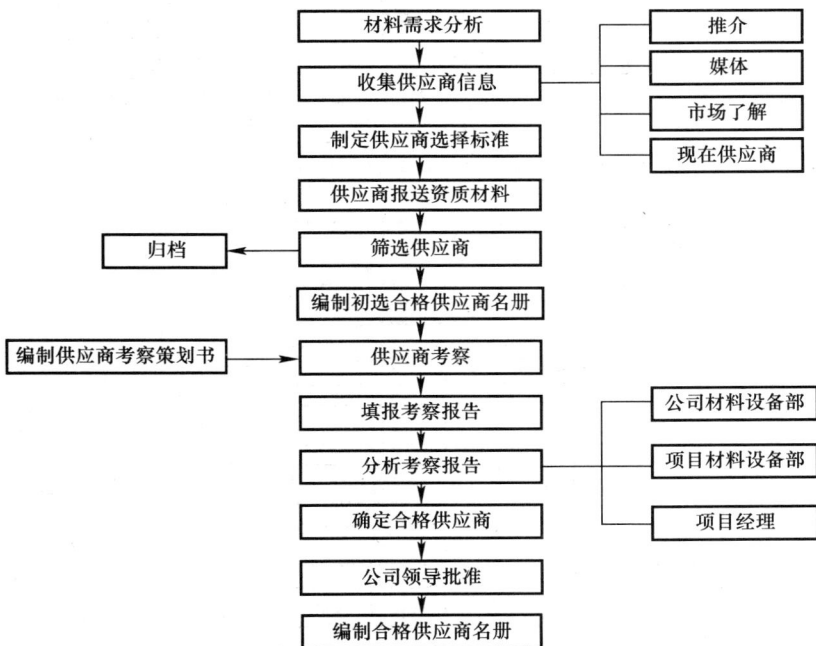

```
                    材料需求分析 ──┬── 推介
                                   ├── 媒体
                    收集供应商信息 ─├── 市场了解
                                   └── 现在供应商
                    制定供应商选择标准

                    供应商报送资质材料

      归档 ◄──── 筛选供应商

                    编制初选合格供应商名册

      编制供应商考察策划书 ──► 供应商考察

                    填报考察报告 ──┬── 公司材料设备部
                                   │
                    分析考察报告 ──├── 项目材料设备部
                                   │
                    确定合格供应商 └── 项目经理

                    公司领导批准

                    编制合格供应商名册
```

图 4-26　合格供应商选择流程

```
┌──────────┐        ┌──────────┐        ┌──────────────┐
│ 工程技术部 │───────▶│ 材料需用计划 │◀───────│ 分包材料需用计划 │
└──────────┘        └──────────┘        └──────────────┘
                          │         不合格
                          ▼      ◀──────
                    ┌──────────┐
                    │ 专业工长审核 │──────┘
                    └──────────┘
                          │ 合格
┌──────────┐        ┌──────────┐
│ 材料设备部 │───────▶│ 材料采购计划 │◀───────
└──────────┘        └──────────┘    不合格
                          │ 合格
                          ▼      ◀──────
                    ┌──────────┐
                    │ 项目经理审批 │──────┘
                    └──────────┘
                          │ 合格
                    ┌──────────┐
                    │ 报公司材料设备 │
                    └──────────┘
┌────────────┐      ┌──────────┐        ┌──────┐
│ 合格供应商名册 │────▶│ 选择供应商 │───────▶│ 招标 │
└────────────┘      └──────────┘        └──────┘
               不合格    │               ┌──────┐
            ◀────────    │           ───▶│ 议价 │
                    ┌──────────────┐     └──────┘
                    │ 会同业主监理考核 │
                    └──────────────┘
                          │ 合格
                    ┌──────────┐
                    │ 设计合同 │◀──────
                    └──────────┘ 不合格
                          ▼      ◀──────
                    ┌──────────┐
                    │ 合同评审 │──────┘
                    └──────────┘
                          │ 合格
                    ┌──────────┐
                    │ 供货 │
                    └──────────┘
```

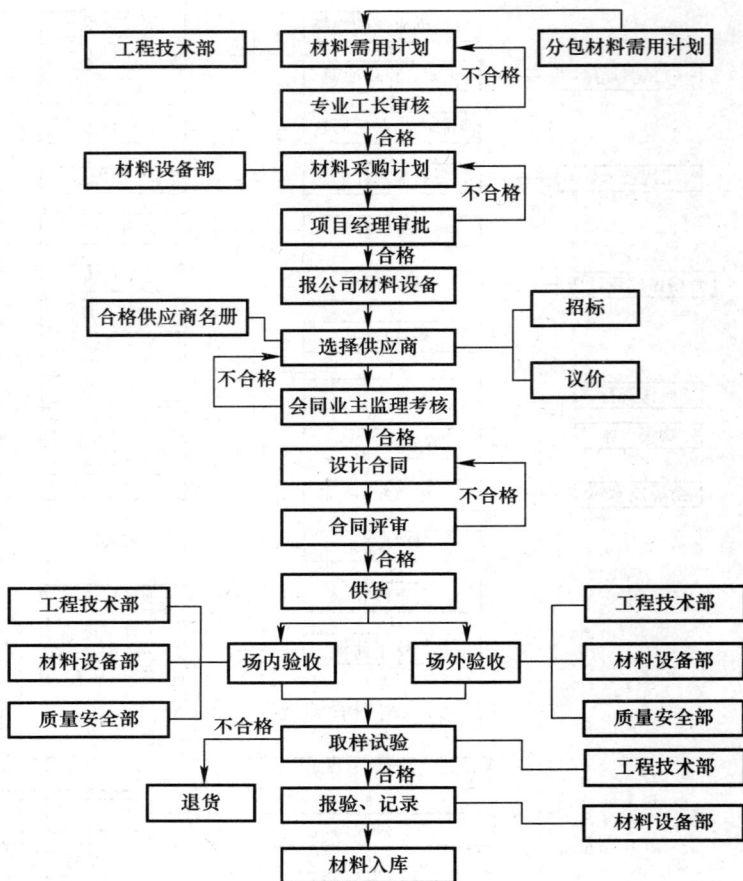

图 4-27　材料供应流程

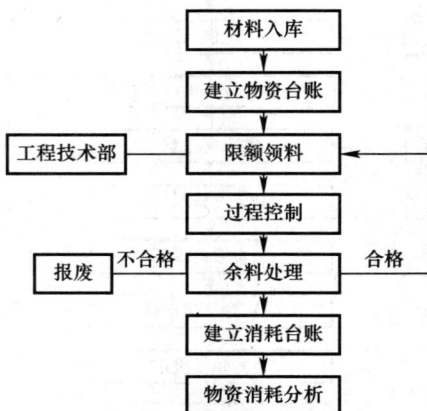

图 4-28　材料使用流程

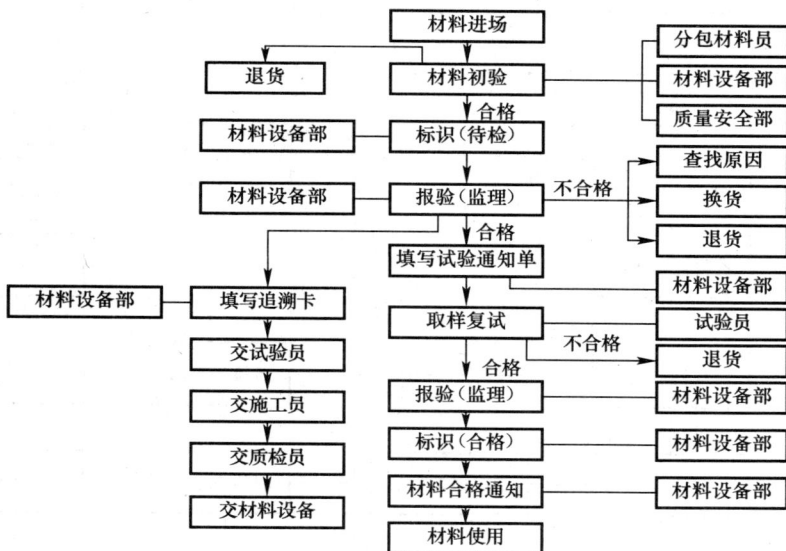

図 4-29　材料报验流程

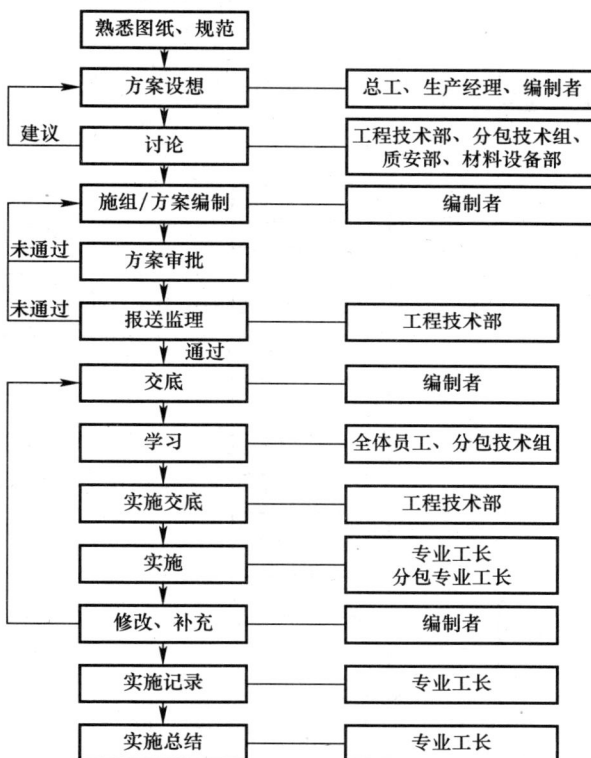

图 4-30　施工组织设计/方案管理程序

设立专职资料 → 制定资料管理制	施工管理资料
	施工技术资料
指定兼职资料	工程技术部 — 施工测量资料
	施工记录
资料管理培训	
资料形成 ———— 质量安全部 — 施工质量验收资料
检查指导	
整理归档 — 相关岗位人员 材料设备部 — 施工物资资料
建立档案目录 — 兼职资料员 试验室 — 施工试验资料
检查整改	
合格	
形成总目录 — 专职资料员	
借阅、复印申请 → 部门负责人批准	
部门兼职资料员审批	
借阅、复印	
整理形成验收、交工资料 ← 归还	

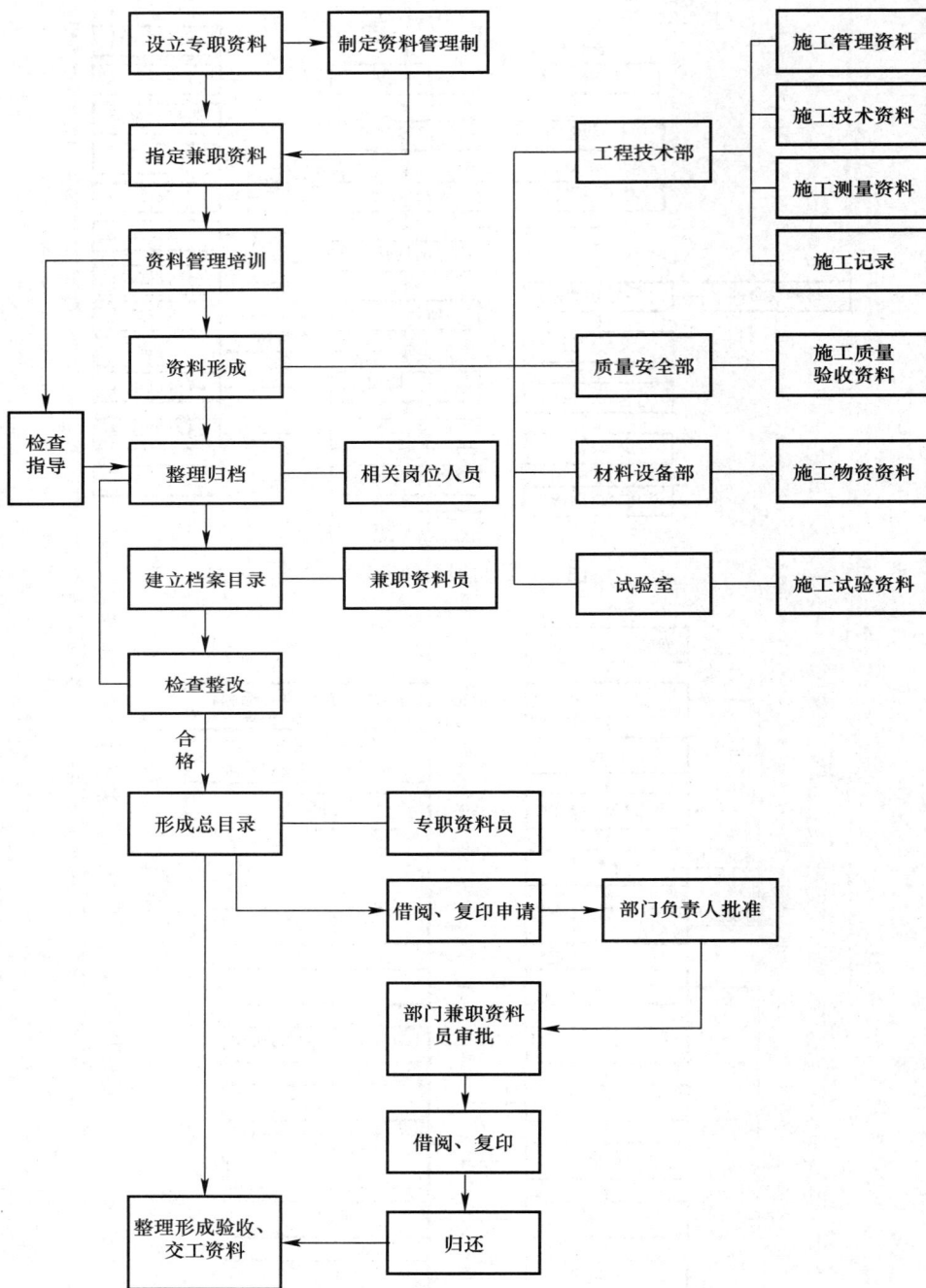

图 4-31　工程施工管理资料流程

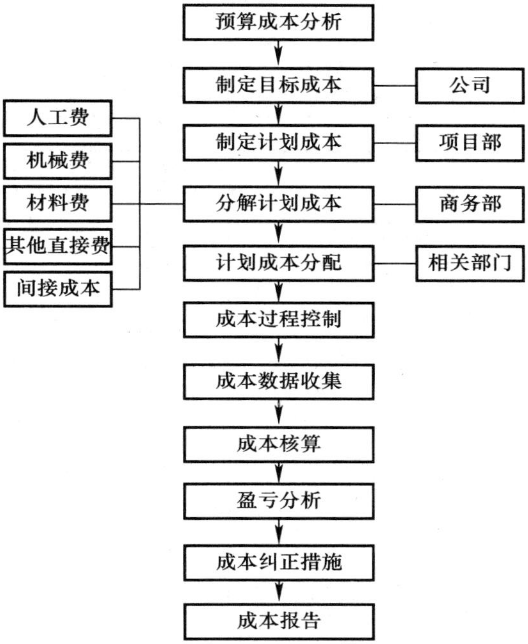

图 4-32　成本管理流程

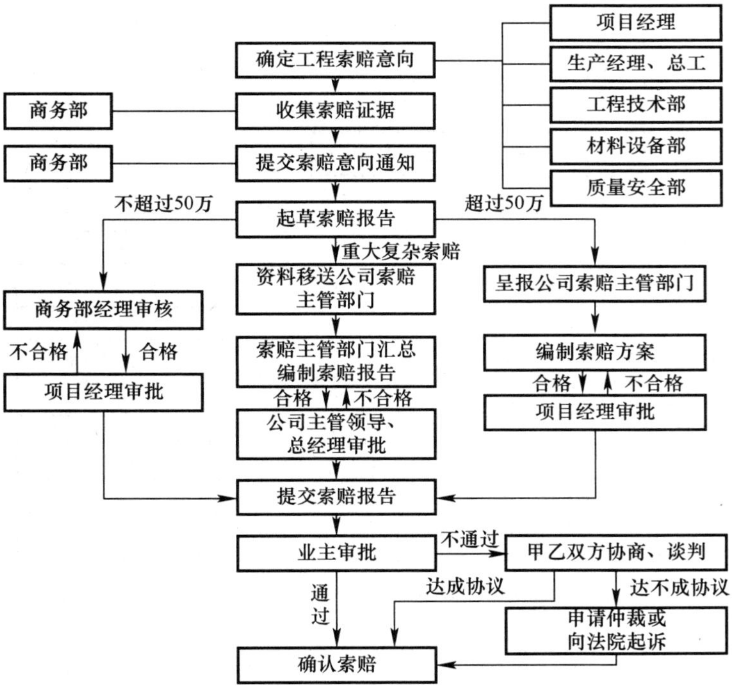

图 4-33　工程索赔流程

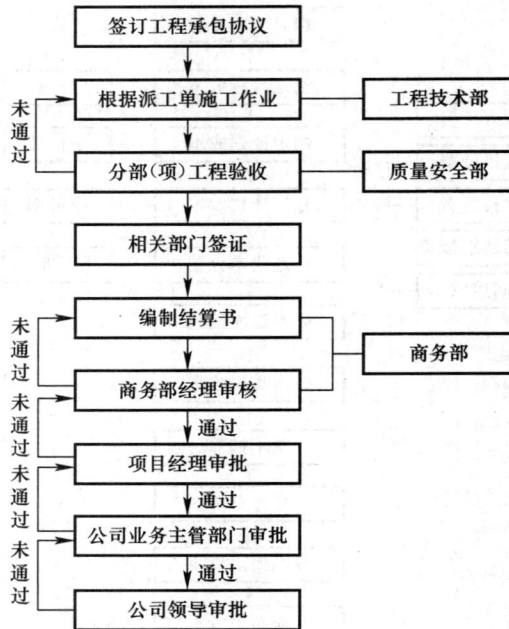

图 4-34　工程结算流程

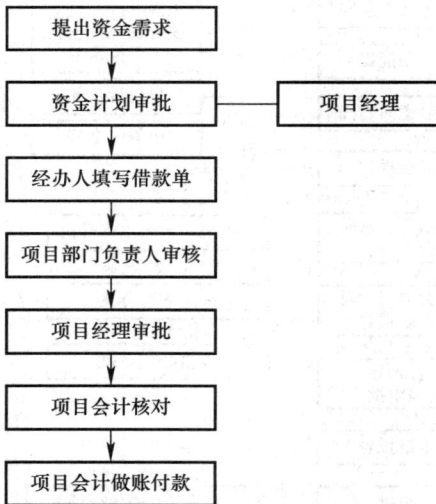

图 4-35　借款业务流程

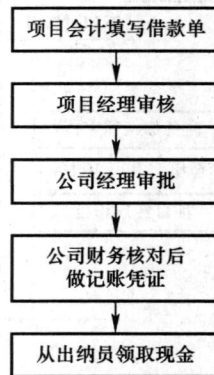

图 4-36　备用金业务流程

```
┌─────────────────────────┐
│  经办人员提出资金使用计划  │
└─────────────────────────┘
            │
┌─────────────────────────┐
│     经办人员办理业务      │
└─────────────────────────┘
            │
┌─────────────────────────┐        ┌──────────────┐
│      相关人员验收         │────────│  综合办公室   │
└─────────────────────────┘    │   └──────────────┘
            │                  │   ┌──────────────┐
┌─────────────────────────┐    └───│  材料设备部   │
│  经办人在报销单据背面签字  │        └──────────────┘
└─────────────────────────┘
            │
┌─────────────────────────┐
│       项目经理审批        │
└─────────────────────────┘
            │
┌─────────────────────────┐
│       项目会计核销        │
└─────────────────────────┘
            │
┌─────────────────────────┐
│       公司经理审批        │
└─────────────────────────┘
            │
┌─────────────────────────┐
│     公司财务核销付款      │
└─────────────────────────┘
```

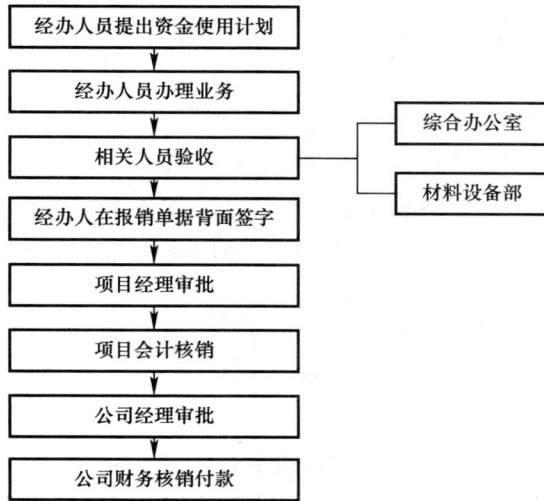

图 4-37　费用报销流程

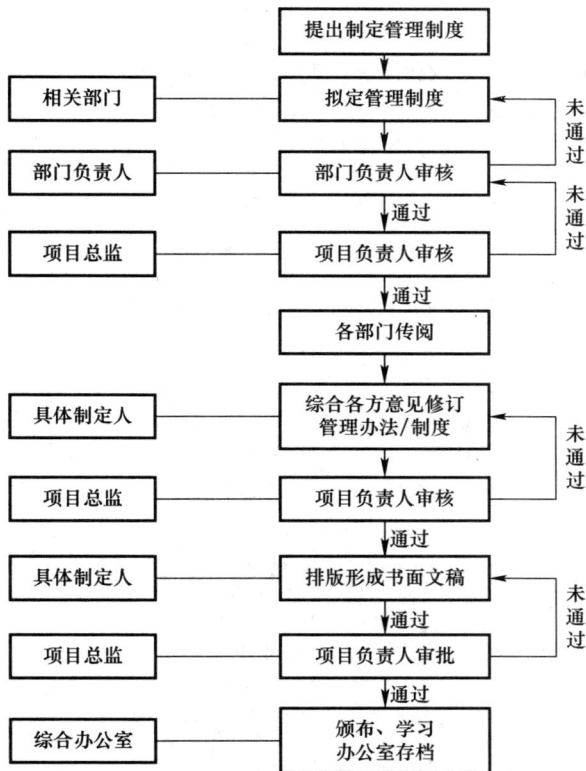

```
                    ┌──────────────┐
                    │ 提出制定管理制度 │
                    └──────────────┘
                            │
┌──────────┐        ┌──────────────┐       未
│ 相关部门  │────────│  拟定管理制度  │◄──    通
└──────────┘        └──────────────┘       过
                            │
┌──────────┐        ┌──────────────┐       未
│部门负责人 │────────│  部门负责人审核 │◄──    通
└──────────┘        └──────────────┘       过
                            │通过
┌──────────┐        ┌──────────────┐
│ 项目总监  │────────│  项目负责人审核 │
└──────────┘        └──────────────┘
                            │通过
                    ┌──────────────┐
                    │   各部门传阅   │
                    └──────────────┘
                            │
┌──────────┐        ┌──────────────┐       未
│具体制定人 │────────│ 综合各方意见修订 │◄──    通
└──────────┘        │  管理办法/制度  │       过
                    └──────────────┘
┌──────────┐        ┌──────────────┐
│ 项目总监  │────────│  项目负责人审核 │
└──────────┘        └──────────────┘
                            │通过
┌──────────┐        ┌──────────────┐       未
│具体制定人 │────────│  排版形成书面文稿 │◄──    通
└──────────┘        └──────────────┘       过
                            │通过
┌──────────┐        ┌──────────────┐
│ 项目总监  │────────│  项目负责人审批 │
└──────────┘        └──────────────┘
                            │通过
┌──────────┐        ┌──────────────┐
│ 综合办公室 │────────│   颁布、学习   │
└──────────┘        │   办公室存档   │
                    └──────────────┘
```

图 4-38　制度/办法制定工作程序

147

4.2.6　沟通协作

1. 与监理、业主以及公司内部的沟通协作

（1）每周三上午与监理召开技术例会，编制会议纪要。

（2）每周四上午与监理和业主召开项目综合例会，编制会议纪要。

每周四下午广厦中东公司内部项目管理综合例会，编制会议纪要。

2. 与各分包商的沟通协作

每周六与全体分包商召开分包商例会，包括技术例会及综合例会，编制会议纪要，如表 4-5 所示。

分包商例会　　　　　　　　　　　　　　　　　　　表 4-5

会　议　内　容	责任人	日　期
双方充分沟通，协调解决现场实际问题，推动现场施工生产各方面工作		
安全事项		
现场安全的楼承板的施工中，需要提供安全挂网防止坠落事件的发生	大地	
广厦要求大地安装安全绳，在所有高空作业必须使用安全带，保证工人在钢梁上施工作业的安全，防止发生高空坠落	大地	
生产进度方面		
劳动力：大地目前劳动力为 306 人（保罗氏 183 人，17 冶 83 人，20 冶 40 人）。 大地承诺再增加 150 人，其中楼承板 60 人，吊装班组 5 个吊装班组	大地	2009-7-28
机械：现场吊装的吊机为白班 6 台，夜晚为 6 台	大地	2009-7-22
大地提出国内工厂未就潮峰钢构原先在 2A1 内已安装的第一层钢柱进行加工，需要将拆除的钢柱进行恢复，一切机械设备人力由大地提供，且大地不再加工上述构件。大地须正式提出请求，广厦与大地进行构件移交手续	大地 广厦	2009-7-1
广厦要求大地立即停止在现场发生的随意使用潮峰已加工好的构件作为材料进行构件加工的行为。对于已使用的构件，大地须立即补办交接手续，确认无误，并对由此产生的后果负全责。 大地提出将归还用于修改现场构件而使用的潮峰公司的构件	大地	2009-7-4
广厦要求大地公司新的赶工工期计划必须要根据现场情况进行细分，将具备吊装的区域与不具备吊装的区域分开。对于受影响的区域，广厦只接受顺延，不接受拖延。大地公司须加紧完成具备施工条件区域的安装，移交给土建，由土建继续后续工种和专业	大地	2009-7-29

续表

会　议　内　容	责任人	日期
大地没有按照承诺于 7 月底完成 2A-1、2A-3 及 2B-3 范围内的楼承板施工	大地	2009-7-31
广厦中东总经理： （1）大地完成的工程量每天在 100 个构件左右，按照剩余工程量 6000 个构件计算，远远超出工期要求。要求大地公司将每天吊装数量达到 200 个。 （2）希望大地公司了解目前的工期状况，立即组织增加劳动力，加紧进行施工，不希望看到按照合约 15.1 条进行工期罚款情况的发生	Info	
大地夏铮现场总指挥：工程到目前状况，难点在于楼承板的施工。劳动力方面因"非战斗减员"达到 40 人，大地在 1 个星期内新到 40 人，另外 36 人正在办理签证	Info	
大地须提交现场焊缝检测报告	大地	2009-7-29
每日生产报表须于早上 8：30 前交到生产部	大地	2009-8-5
2A-1 区酒店相接区域钢结构及楼承板一周内完成（TAK 会议要求）	大地	2009-8-5
P49-P50 轴发电机房楼承板须于 2009-7-31 日前完成	大地	2009-7-31

每周二上午向监理提交本周综合报告，修正过后的 P3 计划以及下周工作计划（包括进度计划、材料计划、劳动力计划、图纸计划和提交计划）。一周综合报告，如图 4-39 所示。

3. 沟通方式及语言

现场日常技术问题随时采用 RFIA（request for inspection and approval）方式与监理沟通。

4. 资金运筹

资金运筹沟通会见图 4-40，资金运筹流程见图 4-41。

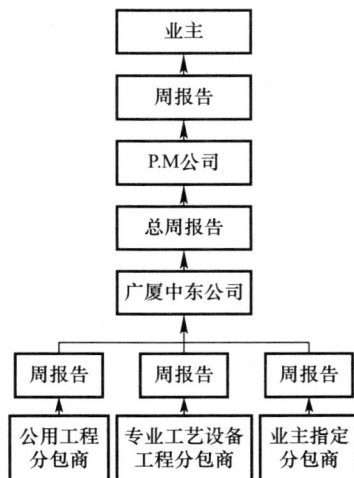

图 4-39　一周综合报告流程

资金策略：应对金融危机和迪拜债务危机对业主带来的资金冲击；与分包商和供应商进行良好的沟通。

对分包商和供应商的支付时间由现金改为远期支票；向业主建议采用远期信用证支付工程款；与多家金融机构建立广泛和良好的合作关系；将业主一年期的信用证经过十家左右的银行或福费廷进行贴现，总贴现金额 6 亿迪拉姆。

图 4-40　资金运筹沟通会

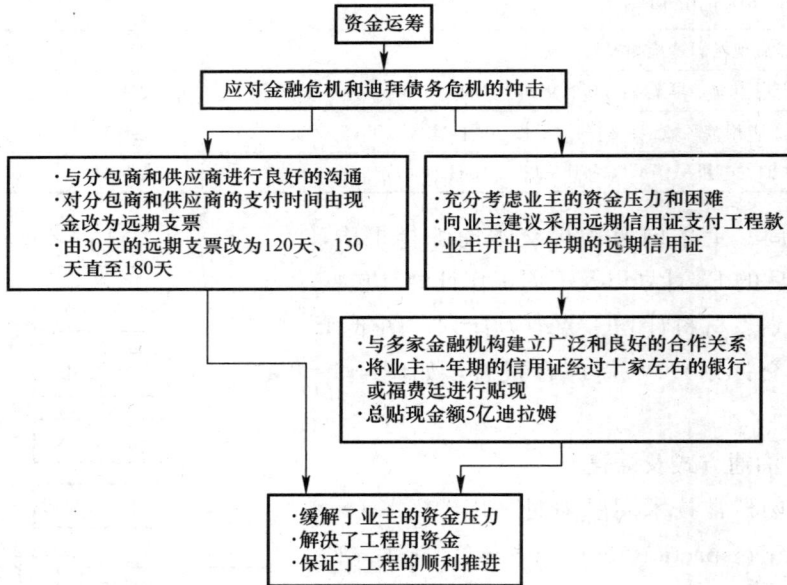

图 4-41　资金运筹流程

4.2.7　争议问题的解决

在本次项目实施过程中，对于与业主、监理之间的分歧我们坚决地采用协商沟通、再协商再沟通的方式来解决。除此以外我们与我们的分包商发生过三次重大的争议：

1. 与降水分包商的争议

由于迪拜的平均地下水位将近 0.8m，且本项目的施工面积巨大，达到

1.6km×400m，占地面积 64 万 m²，且工期紧迫。分布在 64 万 m² 的 5000 个桩头、3000 个承台要同时开挖，纵横交错 14km 的地梁要同时施工，在整个作业面上，需安放 180 个降水井点。

2008 年 4 月刚开工时由于降水井点要同步跟进，我们与一家欧洲的降水公司在未签订合同的前提下便邀请他们进场施工（包括诸多的商务条款尚未确定，但我们在发给对方的授予函当中写入了在任何情况下对方都不能终止降水的施工）。因为工地是沙漠构造，在我们已经全面进行开挖的情况下，对方知道一旦降水停止，将会导致工地全面坍塌，给项目带来毁灭性的打击，在商量未果的情况下对方停止了降水，我方只有三天的时间，三天过后施工现场将变成一片湖泊，在此情况下我方断然采取措施，紧急邀请另外两家降水公司进场，并启动紧急仲裁，由仲裁委员会发出仲裁要求其无条件复工。最后在仲裁委员会及我方的双重压力下对方复工，以我方获胜告终。

2. 与钢结构分包商的争议

在未收取对方预付款履约保函的前提下我方付给第一家钢结构分包商 10％预付款，在不到完成合同约定工程量的 10％时，2008 年 11 月全球金融危机爆发，由于对方自己的原因以及对市场前景的担心，单方面停止了执行合同，并向我方提出了不可接受的要求，为了保证工期，我方果断的与他进行了坦诚的协商，协商未果后我方终止其对合同的执行，将有关的争议问题放到后续来协商解决，并立刻委托另外两家新的钢结构分包商，在这两家新的分包商支付了向我方支付了履约保函后 20 天之内支付对方预付款并进场施工。此次争议最终得以解决。

3. 第三次争议

2009 年 11 月迪拜债务危机爆发，新的两家钢结构分包商又以与第一家分包商类似的理由要求修改合同当中的商务条款，一家停止、一家减缓合同的执行速度，我们公司的法律、合约部门迅速地与其展开沟通与谈判，在对方的履约保函和预付款保函还剩下一周有效期时间的情况下果断予以执行，促使两家分包商回到合同的框架下，并全力配合我方施工，在此情况下我方也通知有关银行停止对保函的执行，此次争议得到圆满解决。

4.2.8　社会效益

（1）由于非常圆满地、保质保工期地交付工程，得到了业主以及酋长极高的评价，因此被荣邀为第十五届迪拜赛马世界杯 Sheema Classic 赛事赞助商，赞助金额 500 万美元，是历来唯一被邀请赞助的国外企业。

（2）继迪拜跑马场停车场项目后，迈丹集团将在后续项目上与广厦中东再次携手合作，或签订迈丹都市商务港项目合同。

4.2.9　总结与体会

1. 总结

（1）本项目采用了增量和叠加式流程；

（2）合同采用 DP＋EPC＋CM 的复合发包模式；

（3）价格模式为单价固定式；

（4）合同款支付采用了现金＋远期缓付信用证模式；

（5）争议解决采用了仲裁＋执行履约保函的双重模式；

（6）按期完工，2010 年 3 月 27 日第十五届迪拜赛马世界杯如期举行；

（7）2.4 亿元人民币预付款保函与工程进度同步同比例释放（2.4 亿元人民币履约保函于 2010 年 2 月份释放，比合同约定时间提前一年，释放了所有的系统风险）。

2. 体会

（1）作为公司和项目的主要负责人，一定要亲临现场，随时亲自掌握现场的每一个动向。

（2）在团队建设中一定要加强跨专业复合型人才的引进和培养，如既懂工程又懂法律和英文；既懂工程又懂国际贸易和英文；既懂工程又懂国际结算和国际金融；既懂工程又懂 P3 计划和 P3 计划管理等。

（3）努力打造一个国际化的管理团队，尽量使团队本土化，除一般管理人员外，如我们的法律顾问团队，一开始我们就聘请了当地最知名的法律事务所（Pimtu mesen/Galadary），才能在前面所讲述的在发生争议的时候维护好自己的正当利益。

（4）由于我们的团队是由不同国籍的人员组成的国际化团队，因此必须建立能对各种语言、各种文化和各种宗教能兼容并序的企业文化。

（5）只能是我们努力适应市场，而不是抱怨市场不适合我们。例如按工程总承包而非施工承包的模式去发展，创建自己的设计队伍，这样我们才有自己的核心竞争力。

（6）努力融入当地主流社会，努力回馈当地社会。如出资 500 万美元赞助第十五届迪拜赛马世界杯。

（7）努力树立和增强员工和团队的服务意识，始终秉持真诚的合作精神、尽量替业主着想，如在金融危机、迪拜债务危机爆发后业主资金遇到困难，我们主动向业主建议工程款采用远期信用证支付，即缓解了业主的资金压力，也收到了工程款。顺应了天时，达到了人和。

（8）要有创新意识，例如我们在此次的用工模式，打破传统仅使用中国工人的观念，转而大量使用外国工人，采用中国工人传、帮、带的方式，来提高外国工人的效率（中国工人带外国工人的比例达到1：7）。

4.2.10　大型工程项目项目经理的体验

（1）注重项目经理的考察

底线是要从德、能、勤、绩、廉五个方面进行，主要考察其思想政治素质、组织领导能力、工作实绩表现和群众公认程度，重点在工作实绩。

（2）建立与项目效益挂钩的绩效考核制度

将项目管理中的成本、利润、工期、安全、质量、环境等关键指标纳入项目经理绩效考核体系，按项目经理所签订的项目管理目标责任书，考核结果确定绩效薪酬，严格、及时兑现。

（3）建立项目经理述职制度

定期或不定期向所在集团公司汇报工程项目进展情况、项目整体效益完成情况、资源配置情况、人才培养情况以及廉政建设情况等。

（4）建立项目经理培训制度

开展侧重于项目管理制度的岗前培训、侧重于项目管理能力的晋级培训、侧重于知识更新及能力提升的轮训，不断提高项目经理的综合素质和管理水平。

（5）项目经理必须处理好业主方、承包方和监理方之间的关系

一是相互信任是搞好工作的基础；二是工程监理必须做到责权利的结合；三是业主方、监理方及施工方必须加强沟通联系；四是业主方多理解少怀疑，监理方多支持少责备，施工方多配合少扯皮；五是加强工程项目培训，提高各级人员素质；六是通过监理方、业主方和施工方"三方"互相监督、互相制约。利用科学的管理来弥补施工过程中技术上、管理上的不足。七是正确处理好工程建设中业主方、监理方和施工方的关系，切忌职责不清、各自为政、政令不通。

（6）必须做好内部控制工作

包括工程项目的安全生产、成本控制、风险管理、环保管理、资源管

理等。

(7) 对大型工程项目进行科学、高效、有序的管理

从组织上、制度上、技术上、执行力上，策划设置一套标准化、程序化的管理流程。

(8) 对项目经理管理必须坚持的原则

① 德才兼备、以德为先、注重实绩的原则；

② 严格标准、条件准入、分级管理的原则；

③ 选拔、培养、使用相结合的原则；

④ 公开、平等、竞争、择优的原则；

⑤ 激励与约束并重、风险与收益对等的原则；

⑥ 评聘分开、优胜劣汰、动态管理的原则。

只有项目经理的高素质，才能确保工程质量、进度、安全、投资得到有效管控万无一失；才能保证项目建设的持续、稳定、健康发展。

附件：某集团公司项目经理部主要成员岗位职责及其工作流程

1. 项目经理岗位职责

(1) 遵照国家规范、工程质量施工验收规范和安全生产文明施工要求，以及工程所在省、市有关规章和制度，按企业标准和设计要求负责工程总体组织、管理及协调工作，直接向公司负责。

(2) 全面负责所建工程项目的施工质量、安全生产、文明施工、施工工期、劳动保护、经济效益、劳务管理等工作。

(3) 根据公司的企业管理方针，结合项目管理要求，以及现场管理目标，组织、配备合适的资源，按照公司的整个管理体系进行生产管理。

(4) 建立健全项目的质量管理体系、环境管理体系、职业健康安全管理体系和消防管理体系等，确保项目经理部人员认真履行岗位职责，做好本职范围内的各项工作；处理好质量、安全与施工间的矛盾，开展质量安全自检与评比活动；提倡文明施工，确保环境卫生，创造施工现场标准化管理工地。

(5) 认真执行公司的各项通知、决定、制度和规定，自觉服从并接受上级主管部门对质量、安全、财务、卫生的监督检查和业务指导，负责落实整改事项。

(6) 负责对项目经理部业务技术人员的管理使用，监督检查他们的工作质量和效率，组织对业务技术骨干和工人的培训和教育，不断提高施工队的思想觉悟、业务素质、职业道德、安全意识和管理水平。

（7）完成公司交给的其他工作。

2. 项目技术负责人

（1）贯彻国家的技术政策和上级颁发的技术规定、规程、规范及施工工艺要求，保证按图纸施工，并检查执行情况。

（2）对产品质量负责，负责项目施工组织设计和质量计划的编制落实；负责编制专项施工方案和季节性施工方案；负责质量检测、检验、测量、试验，处理质量问题；制定并落实纠正和预防措施；负责实施质量改进。

（3）负责向项目经理部管理人员进行施工组织设计交底、分部分项工程技术交底，督促指导工长向班组长、操作工人进行做好分项工程技术交底。

（4）参与图纸会审工作，整理图纸会审记录，联系相关单位签字、盖章。

（5）在项目经理部推广新技术、新工艺、新材料，有目的、有计划地克服质量通病，增强科学性，克服盲目性，增大施工的科技含量。

（6）要求施工班组按配比、定额、质量要求使用材料，把好材质关，坚决杜绝使用不合格材料。

（7）组织好工程的技术管理，认真落实各种技术措施、质量措施、降低成本措施、冬雨期措施、技术革新措施等，保证施工顺利进行，不断提高施工技术水平。

（8）严格按照平面布置图进行现场布置，组织材料进场，并督促按规定堆放，保证施工场地的道路畅通，场容整洁。

（9）组织相关人员现场对工人进行操作培训，对特殊工序实行连续监控。

（10）组织隐蔽工程、分项工程的验收，参加分部工程、单位工程竣工验收。

（11）针对工程相关图纸编制技术变更和工程洽商，并检查落实情况。

（12）完成项目经理交给的其他工作。

3. 土建工长岗位职责

（1）具体负责单位工程的进度、技术、质量、安全、劳动力、材料、机具、场容等任务的组织、管理工作。

（2）按照图纸、操作规程、规范、施工组织设计、工程预算和施工计划提出工程量和材料、机具、劳动力计划。

（3）按照平面布置图进行现场布置，组织材料、设备进场并督促按规定堆放，配合材料人员搞好限额领料工作。

（4）参与现场签证和设计变更工作。按要求做好施工日志和各项有关技术资料，做到完整、齐全，并及时归档。

（5）向施工班组进行全面的技术、质量、安全交底，按施工组织设计组织施工。以身作则，要求所有操作人员认真执行安全、技术操作规程。

（6）负责具体测量放线工作，督促施工班组开展"三检"活动，做好活动记录，做好质量验收工作。发生质量、安全事故，立即向上级汇报并保护现场，不得擅自处理。

（7）加强安全管理，有权制止违章作业和拒受违章指挥的命令，加强场容管理，督促施工班组工完场清，不浪费材料。

（8）要求班组按配比、定额、质量要求使用材料，把好材质关，有权拒绝使用不合格材料。

（9）参加隐蔽工程、分项、分部工程的验收，参加竣工验收。

（10）负责劳务队的月结、终结工程结算，配合终结结算的核对工作。

（11）完成项目经理交给的其他工作。

4. 质量检查员岗位职责

（1）严格执行施工验收规范质量标准和质量管理制度，严格按验评标准检查评定在施工程。

（2）每月定期对工程项目执行验收规范、操作规程的情况进行检查，发现问题及时督促整改，重大问题向项目经理进行报告。对单位工程进行观感、综合评定、预检工作。对重点工程、重点部位要跟踪检查，不得漏检。

（3）加强工程质量"三检"制度，在施工中贯彻"以预防为主"的精神，充分利用质量否决权，把质量事故消灭在萌芽之中。

（4）参与施工组织设计（方案）的编制工作，从质量角度提出建议，参与重点部位的质量交底，审查班组质量交底记录，并对贯彻执行情况进行监督检查，掌握质量情况。

（5）开展保证工程质量、产品质量的培训工作。加强全面质量管理的培训，使员工牢固树立"百年大计，质量第一"的思想。

（6）参加检验批、隐蔽工程、分项工程、分部工程、单位工程的验收。

（7）建立健全质量统计台账，每月报表及时准确，字迹工整。检查记录齐全，资料完整。

（8）配合上级质量部门的质量大检查，对检查提出的问题及时整改。

（9）完成项目经理交给的其他工作。

5. 生产安全员岗位职责

（1）编制工程项目年、季、月安全工作计划，检查、总结工作。编制工程项目安全管理措施实施细则，并监督检查执行情况。

（2）贯彻"安全第一，预防为主"的方针，时刻对安全生产情况进行检查，把隐患消灭在萌芽之中。

（3）负责现场安全标志进行设置，配合主管工长按文明施工要求进行现场布置并经常检查落实情况。

（4）抓好施工现场"四口"、"三宝"、"五临边"防护，坚持做到"三勤"制度。对违章指挥和违章操作者进行劝阻、制止或罚款，对不符合安全要求的现场有权限期整改，遇有严重险情有权暂停，并及时报告项目经理、主管经理。

（5）参与施工组织设计（方案）的编制工作，从安全角度提出建议，参加重点部位的安全交底，审查班组安全交底记录，并对贯彻执行情况进行监督检查，掌握安全情况。严格监督特殊工种持证上岗。

（6）认真执行《工人职员伤亡事故报告规程》，参与安全事故的调查、取证、上报、处理工作。对安全事故本着"四不放过"的原则进行调查处理，对重大安全事故要保护好现场，及时上报公司调查处理。

（7）配合上级安全部门的安全大检查，对检查出的问题及时整改处理。做好对新进人员的入场安全教育。

（8）按照国家劳动保护条例和公司的发放标准，合理发放保护用品，并监督劳动用品的使用，充分发挥劳动保护用品的作用。

（9）及时上报安全报表，做到字迹清楚，内容准确。

（10）完成项目经理交给的其他工作。

6. 电气工长岗位职责

（1）负责单位工程电气施工的技术、质量、安全、劳动力、材料、机具、场容等任务的组织安排，协调、管理工作。

（2）参与所负责工程的图纸会审，参与质量、安全保证体系的建立工作。

（3）组织施工班组长及兼职质检员，熟悉图纸及施工组织设计，提出构件加工及大样翻图。

（4）按电气施工图、施工组织设计、工程预算和施工计划提出工程量和劳动力计划及周、旬材料计划。

（5）按平面布置图进行现场布置，组织材料、设备进场并督促按规定堆放。

(6) 组织本专业人员进行分项、分部工程的交验，并配合土建分项、分部工程交验工作。编制现场签证和设计变更。

(7) 向施工班组进行全面的技术、质量、安全交底，按施工组织设计组织施工。以身作则，要求所有操作人员认真执行安全、技术操作规程。

(8) 督促施工班组开展"三检"活动，做好活动记录，做好质量验收工作，负责电气工程技术资料的编制。

(9) 加强安全管理，按施工方案搞好安全措施，做好安全活动记录。会同安全员经常进行安全检查，发现隐患、问题及时处理、汇报，有权制止违章作业和拒受违章指挥的命令。

(10) 要求施工班组按施工方案和技术交底要求使用材料，把好材质关。

(11) 负责电气分包队伍的月结、终结结算单，参加工程竣工结算。

(12) 参加竣工验收、交工工作。

(13) 完成项目经理交给的其他工作。

7. 水、暖工长岗位职责

(1) 负责单位工程水暖施工的技术、质量、安全、劳动力、材料、机具、场容等任务的组织安排，协调、管理工作。

(2) 参与所负责工程的图纸会审，参与质量、安全保证体系的建立工作。

(3) 组织施工班组长及兼职质检员，熟悉图纸及施工组织设计，提出构件加工及大样翻图。

(4) 按水暖施工图，施工组织设计，工程预算和施工计划提出工程量和劳动力计划及周旬材料计划。

(5) 按平面布置图进行现场布置，组织料具进场并督促按规定堆放。

(6) 组织本专业人员进行分项、分部工程的交验，并配合土建分项、分部工程交验工作。编制现场签证和设计变更。

(7) 向班组进行全面的技术、质量、安全交底，按施工组织设计组织施工。以身作则，要求所有操作人员认真执行安全、技术操作规程。

(8) 督促班组开展"三检"活动，做好活动记录，做好质量验收工作，负责水暖工程技术资料的编制。

(9) 加强安全管理，按施工方案搞好安全措施，做好安全活动记录。会同安全员经常进行安全检查，发现隐患、问题应及时处理、汇报。

(10) 搞好现场文明施工，负责本工程的消防、保卫工作，按规定督促有关部门放置足够的消防器材和标牌。

（11）要求施工班组按施工方案和技术交底要求使用材料，把好材质关。

（12）负责水暖分包队伍的月结、终结结算单，参加工程竣工结算。

（13）参加竣工验收、交工工作。

（14）完成项目经理交给的其他工作。

8. 预算员岗位职责

（1）深入施工现场，了解和掌握设计、施工变更情况，与各职能部门保持密切联系，确保合理收入、严格控制支出。

（2）参与施工组织设计的编制工作，从预算方面提出意见，以供项目经理参考、采用。

（3）经常收集、积累、分析和整理有关新技术、新材料及新工艺方面的经济技术数据，为编制补充单价及工程结算提供科学依据。

（4）搞好与相关职能部门的协作关系，及时提供有关项目的情况及有关技术资料，为生产技术核算和施工管理服务。

（5）工程开工前期负责提供项目施工预算及工料分析，参与限额领料的全过程。

（6）负责对内、对外的本月报量及下月计划报量工作。

（7）负责所有分包工程的进度月报和结算的编制和审核工作。

（8）负责本项目所有工程的预算、结算工作，在合同要求时间内，提交建设单位并负责与建设单位、监理单位、审计部门核对。

（9）完成项目经理交给的其他工作。

9. 技术员岗位职责

（1）负责分管工程项目技术管理工作的联系，协同项目经理部技术负责人，及时全面地完成技术管理工作，经常深入现场，做到主动配合，并协助解决施工过程中的技术疑难问题。

（2）参加图纸会审，了解设计意图及结构，参与一般工程的施工组织设计和安全生产措施及冬、雨季施工措施的编制工作。深入施工现场，检查施工组织设计及施工方案的执行情况，参加施工组织设计中间检查，必要时对施工方案进行调整。

（3）在已进行图纸会审的前提下，及时准确地提出各种构件加工单和配筋单，参加办理工程变更与洽商记录。

（4）做好搅拌台及其他材料配合比的审核。协助试验人员做好配合比、土壤、砂石等试验工作，掌握第一手材料，施工中发现问题及时向项目技术负责人报告。

（5）随工程同步收集、整理、核对工程技术资料。

（6）编制工程项目月、周技术管理工作计划，并负责检查，实施。

（7）负责施工图纸的保管、发放工作。

（8）参与竣工图的编制工作，并按规定存档。

（9）参与分项、分部、单位工程的验收。

（10）参与测量放线工作。

（11）负责见证取样试验工作。

（12）负责文件的收发管理工作。

（13）完成项目经理交给的其他工作。

10. 材料员岗位职责

（1）按照项目经理下发的材料采购书及时采购合格材料入场，保证项目使用。

（2）协助库管员办理材料入库手续。

（3）负责及时提供采购材料的合格证、材质单等工程所需资料。

（4）对出现问题的材料，负责及时通报材料部，办理索赔、退货事宜。

（5）及时了解市场动态，能够及时、准确向公司材料部、项目经理提供市场信息。

（6）整理各种材料票据，及时签字，及时报销，严禁压票。

（7）监督、检查项目经理部材料仓库管理，定期检查项目材料、设备保管、堆放、使用情况，发现问题及时报告。

（8）不准对材料供应商有吃、拿、卡、要等行为，一经发现立即辞退。

（9）完成项目经理交给的其他工作。

11. 库管员岗位职责

（1）负责对项目所有采购入场材料的数量、规格、尺寸进行认真查验，并及时办理入库手续。

（2）负责材料的发放，办理材料领用手续，认真执行限额领料制度。

（3）负责现场及库内材料码放整齐，并组织对现场散落材料及时进行清理、回收。

（4）及时、准确做好清理、盘点、核算工作，为工程项目结算提供资料。

（5）负责材料财务管理，做到账目清楚。

（6）负责现场周转材料、退库、退租工作，并及时、认真办理各项手续。

（7）完成项目经理交给的其他工作。

4.3　工程承包项目项目经理常用的三大技术

4.3.1　信息论简介及其应用

信息论是运用概率论与数理统计的方法研究信息、信息熵、通信系统、数据传输、密码学、数据压缩等问题的应用数学学科。信息系统就是广义的通信系统，泛指某种信息从一处传送到另一处所需的全部设备所构成的系统。信息论将信息的传递作为一种统计现象来考虑，给出了估算通信信道容量的方法。信息传输和信息压缩是信息论研究中的两大领域。这两个方面又由信息传输定理、信源－信道隔离定理相互联系。信息论的研究范围极为广阔。一般把信息论分成三种不同类型：狭义信息论是一门应用数理统计方法来研究信息处理和信息传递的科学。它研究存在于通讯和控制系统中普遍存在着的信息传递的共同规律，以及如何提高各信息传输系统的有效性和可靠性的一门通讯理论；一般信息论主要是研究通讯问题，但还包括噪声理论、信号滤波与预测、调制与信息处理等问题；广义信息论不仅包括狭义信息论和一般信息论的问题，而且还包括所有与信息有关的领域，如心理学、语言学、神经心理学、语义学等。其应用包括编码学、密码学与密码分析学、数据传输、数据压缩、检测理论、估计理论、政治经济学等。信息论是一门用数理统计方法来研究信息的度量、传递和变换规律的科学。它主要是研究通信和控制系统中普遍存在着信息传递的共同规律以及研究最佳解决信息的获限、度量、变换、储存和传递等问题的基础理论。

4.3.2　系统论简介及其应用

系统论是研究系统的一般模式，结构和规律的学问，它研究各种系统的共同特征，用数学方法定量地描述其功能，寻求并确立适用于一切系统的原理、原则和数学模型，是具有逻辑和数学性质的一门科学。系统论任务及意义：系统论的任务，不仅在于认识系统的特点和规律，更重要的还在于利用这些特点和规律去控制、管理、改造或创造一系统，使它的存在与发展合乎人的目的需要。当前显现出几个值得注意的趋势和特点：第一，系统论与控制论、信息论、运筹学、系统工程、电子计算机和现代通信技术等新兴学科相互渗透、紧密结合的趋势；第二，系统论、控制论、信息论，正朝着"三归一"的方向发展，现已明确系统论是其他两论的基础；第三，耗散结构论、协同学、突变论、模糊系统理论等等新的科学理论，从各方面丰富发展了系统论的内容，有必要概括出一门系统学作为系统科学的基础科学理论；第四，系统科学的哲学和方法论问题日益引起人们的重视。在系统科学的这些发展形势下，国内外许多学者致力于综合各种系统理论的研究，探索建立统一的系统科学体系的途径。其广义系统论则是对一类相关的系统科学来理行分析研究。

4.3.3　控制论简介及其应用

控制论是研究动物（包括人类）和机器内部的控制与通信的一般规律的学科，着重于研究过程中的数学关系。综合研究各类系统的控制、信息交换、反馈调节的科学，是跨及人类工程学、控制工程学、通信工程学、计算机工程学、一般生理学、神经生理学、心理学、数学、逻辑学、社会学等众多学科的交叉学科。控制的基础是信息，一切信息传递都是为了控制，进而任何控制又都有赖于信息反馈来实现。信息反馈是控制论的一个极其重要的概念。通俗地说，信息反馈就是指由控制系统把信息输送出去，又把其作用结果返送回来，并对信息的再输出发生影响，起到制约的作用，以达到预定的目的。

管理应用：从控制系统的主要特征出发来考察管理系统，可以得出这样的论：管理系统是一种典型的控制系统。管理系统中的控制过程在本质上与工程的、生物的系统是一样的，都是通过信息反馈来揭示成效与标准之间的差，并采取纠正措施，使系统稳定在预定的目标状态上的。因此，从理论说：适合于工程的、生物的控制论的理论与方法，也适合于分析和说明管理控制问题。管理更是控制论应用的一个重要领域。甚至可以这样认为，人们对控制论原理最早的认识和最初的运用是在管理面。

管理控制的概念：在管理工作中，作为管理职能之一的控制是指：为了确保组织的目标以及为此而拟定的计划能够得以实现，各级主人员根据事先确定的标准或因发展的需要而重新拟定的标准，对下级的工作进行衡量、测量和评价，并在出现偏差时进行纠正，以防止偏差继续发展，今后再度发生；或者，根据组织内外环境的变化和组织的发展需要，在计划的执行过程中，对原计划进行修订或制订新的计划，并调整整个管理工作程序。因此，控制工作是每个主管人员的职能。主管人员常常忽视了这一点，似乎控制工作是上层主管部门和中层主管部门的事。实际上，无论哪一层的主管人员，不仅要对自己的工作负责，而且都还必须对整个计划的实施目标的实现负责，因为他们本人的工作是计划的一部分，他们下级的工作是计划的一部分。因此各级的主管人员，包括基层主管人员都必须承担实控工作这一重要职能的责任。管理活动中的控制工作，是一完整的复杂过程，也可以说是管理活动这一大系统中的子系统，其实质和控制论中的"控制"一样，也是信息反馈。从管理控制工作的反馈过程可见，管理活动中的控制工作与控制论中的"控制"在概念上相似之处：

（1）二者的基本活动过程是相同的。无论是控制工作还是"控制"都包括三个基本步骤：①确立标准；②衡量成效；③纠正偏差。为了实施控制，均需在事先确立控制标准，然后将输出的结果与标准进行比较；若现有偏差，则采取必要的纠正措施，使偏差保持在容许的范围内。

（2）管理控制系统实质上也是一个信息反馈系统，通过信息反馈，揭示管理活动中不足之处，促进系统进行不断的调节和改革，以逐渐趋于稳定、完善，直达到优化的状态。同其他系统中的控制一样，在现代化管理中有许多情况要正反馈。两个组织之间的竞赛或竞争就是一例，你追我赶，相互促进。是大量的还是为了缩小和消灭与既定目标的差距的负反馈。

（3）管理控制统和控制论中的控制系统一样，也是一个有组织的系统。它根据系统内的变化而进行相应的调整，不断克服系统的不确定性，而使系统保持在某稳定状态。

管理控制与控制的区别：要求它具有如下功能：①处理信息及时、准确；②控制计划和经营管理，使之处于最佳状态；③便于进行方案比较和择优；④有助于进行预测工作。管理是否有效，其关键在于管理信息系统是否完善，信息反馈是否灵敏正确、有力。灵敏、正确和有力的程度是一个管理制度或一个管理职能部是否有充沛生命力的标志，这就是现代管理理论中的反馈原理。要"灵敏"就必须有敏锐的"感受器"，以便能及时发现变化着的客观实际与计划目之间的矛盾。要"正确"，就必须有高效能的分析系统，以过滤和加工感来的各种消息、情报、数据和信息等，"去粗取精、去伪存真、由此及彼、由表及里"。"有力"就是把分析整理后得到的信息化为主管人员强有力行动，以修正原来的管理动作，使之更符合实际情况，以期达到管理和控的目的。对管理来说，控制工作的目的不仅是要使一个组织按照原定计划，维其正常活动，以实现既定目标；而且还要力求使组织的活动有所前进、有创新，以达到新的高度，提出和实现新的目标。也就是说，管理的五个职能，通过信息反馈，形成了一个闭合回路系统。管理活动无始无终，一面要像控制论中的"控制"一样，使系统的活动维持在一平衡点上；另一面还要使系统的活动在原平衡点的基础上。求得螺旋形上升。全面质量管理中推行的PDCA工作法，实际上就是体现了这个特点。

控制论在工程项目管理中的应用：工程项目规划确定之后，项目管理的首要任务就是在实施过程中跟踪和控制项目规划的实现。项目目标——经确定，项目规划必须随之具体化为各项计划以及任务、职责的分工和详细的工作流程，项目管理也就进入了控制周期。在这一期间，必须随时能回答下列问题：①工程项目的进展情况如何；②实际状况是否与计划有偏差；③如有偏差存在，如何采取必要的纠偏措施，使工程项目运行重新纳入预定的轨道，或使项目保持在正常的轨道上进行；④工程项目目标实现的可能性如何，即对工程项目的进一步发展进行预测。随着项目的不断进展，项目的目标值应得以不断细化和精确化。必要的时候，应对项目规划中原定目标进行重新论证；⑤项目控制是保证组织的产出和规划一致的一种管理职能。如果工程项目无目标，项目规划就无从谈起，更谈不上项目控制。同时，计划是相对的、变化是绝对的，静止是相对的、变化是绝对的，永远是工程项目管理理论的至理名言。这句话并非否定计划的必要性，而是强调了变化的绝对性和目标控制的重要性。工程项目管理成败如何，很大程度上取决于项目规划的科学性和项目控制的有效性。

在工程项目管理中，项目控制紧紧围绕着投资控制、质量控制和进度控制三大目标进行。这种目标控制是动态的，并且贯穿于工程项实施的始终。工程项目控制流程图结合上述管理控制的三个步骤，其具体含义为：①为了实现一定目标对工程项目进行人、财、物的投入。②在工程项目建设过程中，即在设计、施工、安装、采购及销售等行为发生的过程中，必定存在各种各样的干扰，如恶劣气候、设计出图不及时、材料设备不到位以及市场需求发生变化等。③收集实际数据，对工程项目进展情况进行评估。数据的收集可以通过检查，即交谈、报告和会议的形式对项目进行跟踪和监控。在对项目进展情况、已完工程的开支和质量进行检查的同时，也要检查组织的运转情况，包括各项工作流程是否正常、职责分工是否明确并妥当，等等。另外，还应注意分析工程项目环境的变化情况。④把投资目标、进度目标和质量目标等方面的计划值与实际投资发生值、实际进度和质量检查数据进行比较。其中，必须注意对计划目标值进行论证和分析。因为鉴于各种主客观因素的制约，项目规划中的计划目标值有可能是难以实现或不尽合理的，这就需要在项目实施过程中或合理调整，或细化和精确化。因为只有项目目标是正确合理的，项目控制才能有效。⑤检查实际值和计划值有无偏差。如果没有偏差，则项目继续进展。在从进度、费用和质量三方面分析偏差外，还必须注意组织运转中是否存在矛盾、市场或消费者的要求是否发生了变化等。从一定意义上说，后者对项目目标的实现更具有决定性。⑥如果有偏差，则分析原因并采取控制措施，以确保项目目标的实现。这相当于电工学的调节器。产生偏差的原因，有原定目标不合理、项目规划不周全或效果差、发生不可预见事件、组织内部缺乏沟通、人员素质存在不足以及责任和权利不明确等。在分析原因的基础上，预测这些偏差的发展趋势，并分析偏差对实现项目目标的影响，从而采取相应的控制措施。控制措施包括组织措施、经济措施、合同措施和技术措施等。组织措施是通过进一步明确责任和分工，落实控制人员或撤换不称职人员，并在制度上保证控制的效果，优化工作流程和信息流程；经济措施是通过经济手段来实行控制；合同措施是通过合同条款落实目标控制的责任，在合同执行期间，加强索赔的控制与管理等；技术措施则通过多个技术方案的论证和比较，利用价值工程原理，对目标进行控制。但究竟选用何种控制措施，要立足于偏差发生的具体情况，同时必须注意这种纠偏措施的选用可能会给项目的目标控制带来新的影响。因此，选择纠偏措施时，不仅要考虑纠偏措施的有效性，还要分析纠偏措施自身的成本和代价以及可能造成的对工程项目目标的新的影响。

4.4　项目经理智慧箴言

4.4.1　用人篇

1. 项目前景取决于人才

人才越多，事业越大。企业人才有多少，企业前景就有多大，人才越强干，企业越强大。企业领导网罗到的人才越多，企业就越强大。企业领导管理的人才有多少，企业的规模就有多大。企业领导发挥企业人才的积极性有多高，企业的效益就有多好。

2. 如何留住人才

（1）物质保证为前提：①不断提高员工的工资、福利待遇水平，使人才不流失。②提高员工的积极性和主动性，员工工作与其工资、奖金挂钩。员工工作越多，工资越高。变员工被动工作为主动工作，让员工爱工作，主动去工作。

（2）精神力量为支柱：①培养人才，培养人才对公司的希望。②公司要有目标和信念，用目标指导员工，让员工工作有目标，做事有计划，生活有信念，前进有方向。要让员工工作有激情，做事有干劲。要宣扬公司目标和信念，使员工爱公司爱工作，把公司目标当成自己目标，主动去实现公司目标。以公司信念聚集员工，培养员工团队精神和集体观念。③公司的荣辱观和员工的荣辱观要一致，要让员工明白：公司强大我强大，公司荣耀我荣耀，公司衰败我衰败。培养员工荣誉感，让员工主动维护公司利益，主动为公司前景而努力奋斗。

（3）培养人才的责任心：培养人才"在其位，谋其政，成其事"的责任心，让人才干一行，爱一行，专一行，精一行。

（4）用事业留人。给人才一个发挥自己才华的平台，让人才在公司做一番事业，让人才舍不得离开公司。

（5）团队精神和核心凝聚力。培养员工的团队精神，互相关心，互相爱护，共同进步。通过集体活动和团结合作，培养员工之间的深厚感情，让员工把公司当成一个家，一个温馨的港湾，对公司有依赖感和信赖感。

3. 如何使用人才

（1）坚持德才兼备的用人理念：做到有才有德，重点使用；有才无德，坚决不用。

（2）用人之长：①善用人才：人才有多大的能力就让他担任多高的职位，人才有多大的能耐就让他干多重的活。什么样的人才就要安排他做什么样的事，当什么样的官。②要合理安排好岗位，让人才能胜任岗位。③要重用人才，不用庸才。重用人才，人才才能可以发挥出来，工作很轻松，任务完成快，就有荣誉感和自豪感，人才就高兴，工作就卖力，就容易出成绩，公司发展就快。

（3）赋予责权利，让人才各尽其职，各尽其才。奖惩分明，物质鼓励和精神鼓励相结合，为人才施展才干创造好环境，让人才在工作中能把自己的才能发挥出来。

（4）培养人才上进意识，让人才通过改变自己。提高自己，树立榜样，影响别人，让大家跟他一起进步，从而改变公司，使公司更加美好更加强大。

4. 人才结构

（1）公司应设有领导层，管理层和员工队伍。要有不同层次的人才。高级层次人才与普通人才应结合使用，相互促进。

（2）人才要有阶梯性，要有年龄结构。年长的经验丰富，年轻的精力十足，要以老带新，培养新员工。在技能结构上，熟练人员与新进人员应配合使用，要留住老员工，培训新员工，使公司工作有连续性。要注意阶段性地吸收新员工，新员工能给公司带来新的理念和活力，应吸收新进人员带来的新理念，从而增加公司的竞争力与活力。

（3）公司应具备多方面人才。企业不应局限性地使用人才，应善于扩张性地吸收人才。企业需要多方面的人才。

5. 管理人才，团结人才

（1）海纳百川，有容乃大。要尊重人才，爱惜人才，善待人才。要学会管理好不同性格不同脾气的人才。要善用不同能力层次的人才，让人才能各尽其能、各司其职，共同为公司创造效益。人才管理好了，才能帮企业打天下，做一番事业；管理不好，就可能会惹祸，会损害企业利益。

（2）团结人才。要让各方面、各种性格的人才融洽相处，共同为公司的目标努力工作。用人之道："用人之道"举用贤才的方法，从古至今诸多英雄选用贤人的方法，如何选择能人，如何运用能人的方法与心得。一是唐太宗以民为本的思想，广开言路，虚怀纳谏的胸襟；重用人才，唯才是任的准则。二是曹操的五个用人之道：曹操的用人政策一：名至实归更重实际；曹操的用人政策二：德才兼备唯才是举；曹操的用人政策三：重用清官不避小贪；曹操的用人政策四：招降纳叛尽释前嫌；曹操的用人政策五：抓大放小不拘小节。三是刘邦的用人之道：一是知人善任；二是不拘一格；三是不计前嫌；四是坦诚相待；五是用人不疑；

6. 论功行赏

纵观太宗用人之道可归纳为：第一，重视人才，太宗认为"能安天下者，惟在用得人才"；第二，知人善用。他说："人的才能，各有所长，君子用人，就如同用器皿一样，大材大用，小材小用，各取所长。"第三，对人推心置腹，以诚相待。有人给太宗出主意，要太宗采用些计谋或权术来试探朝中大臣的忠奸。太宗回答说："如果用这些权术去试探部下，自身就不够光明磊落，如何要求他们正直呢？"张居正对此的评论也非常深刻："君德贵明不贵察，明生于诚，其效至于不忍欺，察生于疑，其弊至于无所容，盖其相去远矣。"第四，有容人之量。太宗在位，时常有大臣秉理直谏，而太宗却常能接受各种不同意见，从不固执己见，也不偏听偏信。

君子用人如器，各随所长：中国传统的管理思想，分为宏观管理的治国学和微观管理的治生学。治国学适应中央集权的封建国家的需要，包括财政赋税管理、人口田制管理、市场管理、货币管理、漕运驿递管理、国家行政管理等方面。治生学则是在生产发展和经济运行的基础上通过官、民的实践逐步积累起来，包括农副业、手工业、运输、建筑工程、市场经营等方面的学问。这两方面的学问极其浩瀚，作为管理的指导思想和主要原则，可以概括为如下要点：

（1）顺"道"。中国历史上的"道"有多种含义，属于主观范畴的"道"，是指治国的理论，属于客观范畴的"道"，是指客观经济规律，又称为"则"、"常"。这里用的是后一含义，指管理要顺应客观规律。《管子》认为自然界和社会都有自身的运动规律，"天不变其常，地不易其则，春秋冬夏，不更其节。"（《管子·形势》）社会活动，如农业生产，人事，财用，货币，治理农村和城市，都有"轨"可循，"不通于轨数而欲为国，不可。"（《管子·山国轨》）人们要取得自己行为的成功，必须顺乎万物之"轨"，万物按自身之"轨"运行，对于人毫不讲情面，"万物之于人也，无私近也，无私远也"，你的行为顺乎它，它必"助之"，你的事业就会"有其功"，"虽小必大"；反之，你如逆它，它对你也必"违之"，你必"怀其凶"，"虽成必败"，"不可复振也"（《管子·形势》）。司马迁把社会经济活动视为由各个个人为了满足自身的欲望而进行的自然过程，在社会商品交换中，价格贵贱的变化，也是受客观规律自然检验的。他写道"贱之征贵，贵之征贱"，人们为求自身利益，"以得所欲"，"任其张，竭其力"，"各劝其业，乐其表，若水之趋下，日夜无休时，不召而民自来，不求而民出之，岂非道之所符，而自然之验邪？"对于社会自发的经济活动，他认为国家应顺其自然，少加干预，"故善者因之"，顺应客观规律，符合其"道"，乃治国之善政（《史记·货殖列传》）。"顺道"，或者"守常"、"守则"、"循轨"，是中国传统管理活动的重要指导思想。

　　（2）重人。"重人"是中国传统管理的一大要素，包括两个方面：一是重人心向背，二是重人才归离。要夺取天下，治好国家，办成事业，人是第一位的，故我国历来讲究得人之道，用人之道。得民是治国之本，欲得民必先为民谋利。先秦儒家提倡"行仁德之政"，"因民之所利而利之"（《论语·尧曰》），"修文德以来之"（《论语·季氏》），使"天下之民归心"，"近者悦，远者来"（《论语·尧曰》），"天下大悦而将归己。"（《孟子·离娄上》）《管子》说："政之所兴，在顺民心；政之所废，在逆民心"，国家必须"令顺民心"，"从民所欲，去民所恶"，乃为"政之宝"（《管子·牧民》）。西汉贾谊说："闻之于政也，民无不为本也。国以为本，君以为本，吏以为本"，"国家的安危存亡兴坏，定之于民；君之威侮、昏明、强弱，系之于民；吏之贵贱，贤不肖，能不能，辨之于民；战争的胜败，亦以能否得民之力以为准。"（《新书·大政上》）这些思想历代都有，逐步成为管理国家的准则。得人才是得人的核心。要得人才，先得民心，众心所归，方能群才荟萃，故《管子》把从事变革事业，注重经济建设，为人民办实事，视为聚拢优秀人才的先决条件，叫作"德以合人"，"人以德使"（《管子·五辅、枢言篇》）。我国素有"求贤若渴"一说，表示对人才的重视。能否得贤能之助，关系到国家的兴衰和事业的成败。"得贤人，国无不安广…失贤人，国无不危"（《吕氏春秋·求人》）。诸葛亮总结汉的历史经验说："亲贤臣，远小人，此先汉之所以兴隆也；亲小人，远贤臣，此后汉之所以倾颓也"（《前出师表》）。《晏子春秋》则把对人才"贤而不知"，"知而不用"、"用而不任"视为国家的"三不祥"，其害无穷。在治生学方面，我国也有重视人才的传统。司马迁提倡"能巧致富"，他说："巧者有余，拙者不足"，"能者辐辏，不肖者瓦解"（《史记·货殖列传》）。唐代陆贽说："夫财之所生必因人力，工而能勤则丰富，拙而兼惰则窭空"（《陆宣公集·均节财税恤百姓》第一条）。西晋的傅玄说："夫裁径尺之帛，形方寸之木，不任左右，必求良工"。（《傅子·授职篇》）凡能工巧匠，或对生产建设有重大贡献者，如春秋时发明木作工具的鲁班，战国时修建都江堰的李冰，修建郑国渠的郑国，汉代发明二牛耦耕法和三脚条播器（三脚楼）的赵过，发明和改进炼铁鼓风器（水排）的后汉的杜诗和韩暨，对发展纺织工业有重大贡献的元代黄道婆等人，都传颂千古，流芳百世，为人典范。《管子》一篇国情普查提纲（《问》）中列专项调查国内的生产能手，树立"人率"，进行表彰。司马迁《史记·货殖列传》记载，齐国的"奴虏"，即下等人，人皆贱之，唯刀间独具慧眼，赏识这些人的才能，收取重用，"尽其力"，"使之逐渔盐商贾之利"，"终得其力，起富数千万"，发了大财。

（3）人和。"和"就是调整人际关系，讲团结，上下和，左右和。对治国来说，和能兴邦；对治生来说，和气生财。故我国历来把天时、地利、人和当作事业成功的三要素。孔子说："礼之用，和为贵"（《论语·学而》）。《管子》说："上下不和，虽安必危"（《管子·形势》）。"上下和同"，"和协辑睦"（《管子·五辅》），是事业成功的关键。战国时赵国的将相和故事，妇孺皆知，被传颂为从大局出发讲团结的典范。求和的关键在于当权者，只有当权者严于律己，严禁宗派，不任私人，公正无私，才能团结大多数。《管子》提出"无私者容众"，要求君主切不可有"独举"、"约束"、"结纽"这些宗派行为，不可"以爵禄私有爱"，要严禁"党而成群者"（《管子》五辅、法法等篇）。李觏说国家的统治者必须"无偏无党"，"循公而灭私"，"天子无私人"，从国家机构中清除那些嫉贤妒能，钻营利禄，大搞宗派，戕害民生的"恶吏"，以改善官民关系。唐太宗是个讲团结的君主，他不仅重用拥护自己的人，而且重用反对过自己的人，他救下了曾反对其父李渊的李靖，委以重任。魏征曾力劝李建成除掉李世民，太宗就位后不计前嫌，照样重用，且平时能"从谏如流"，"爱谏诤"，思己短，知己过，使群臣乐于献策，齐心治国。正因为唐太宗广泛团结人才，形成一个效能很高的人才群体结构，贞观之治才有了组织上的保证。

（4）守信。办一切事业都要守信。信誉是人类社会人们之间建立稳定关系的基础，是国家兴旺和事业成功的保证。孔子说："君子信而后劳其民"（《论语·尧曰》）。他对弟子注重"四教：文、行、忠、信"（《论语·述而》）。治理国家，言而无信，政策多变，出尔反尔，从来是大忌。故《管子》十分强调取信于民，提出国家行政应遵循一条重要原则："不行不可复"。人们只能被欺骗一次，第二次就不信你了，"不行不可复"者，"不欺其民也"。"言而不可复者，君不言也；行而不可再者，君不行也。凡言而不可复，行而不可再者，有国者之大禁也"（《管子·形势》）。治生亦然。商品质量、价格、交货期，以至借贷往来，都要讲究一个"信"字。我国从来有提倡"诚工"、"诚贾"的传统，商而不诚，苟取一时，终致瓦解，成功的商人多是商业信誉度高的人。

（5）利器。生产要有工具，打仗要有兵器，中国历来有利器的传统。孔子说："工欲善其事，必先利其器"（《论语·卫灵公》）。《吕氏春秋·任地》

篇说，使用利器可达到"其用日半，其功可使倍"的效果。中国古代的四大发明（纸、印刷术、指南针、火药）及其推广，极大地推动了社会经济、文化和世界文明的发展，并使"利器说"成为中国管理思想的重要内容。及至近代，一再出现机器兴邦说。如郑观应主张维护民族独立要靠"商战"，商战必赖机器，机器生产，"工省价廉"，"精巧绝伦"，可与外货竞争，因此必须自制各种机器。孙中山实业救国的核心是技术革命，实现现代化，"用机器去制造货物，……把国家变成富庶"，争取驾乎英美日之上。可见，"利器说"贯乎古今，成为兴邦立业的重要思想。

（6）求实。实事求是，办事从实际出发，是思想方法和行为的准则。儒家提出"守正"原则，看问题不要偏激，办事不要过头，也不要不及，"过犹不及"，过了头超越客观形势，犯冒进错误；不及于形势又错过时机，流于保守。两种偏向都会坏事，应该防止。《管子》提出"量力"原则和"时空"原则。凡事量力而行，"动必量力，举必量技"，"不为不可成，不求不可得"。指挥作战，要知道自己兵力，装备的承受能力，"量力而知攻"，"不知任，不知器，不可"。切不可不顾主观条件的"妄行"，"强进"，"妄行则群卒困，强进则锐士挫"。（《管子》牧民、霸言、形势解等篇）用人也应注意因材施用，扬其所长，避其所短。不可求全责备，"毋与不可，毋强不能"。"时控"原则就是办事要注意时间（时机）和地点等客观条件。"事以时举"，"动静"、"开阖"、"取予""必因于时也，时而动，不时而静"（《管子·宙合》）。治国和治生，不顾时间的变化，用老一套的办法，不注意"视时而立仪"（《管子·国准》），"审时以举事"（《管子·五辅》），必然招致失败。空间不同，政策措施也应有异，不可将一套办法到处运用，治家、治乡（农村）、治国（城市）各有特殊性，"以家为乡，乡不可为也；以乡为国，国不可为也；以国为天下，天下不可为也"（《管子·牧民》）。韩非说："圣人不期修古，不法常可，论世之事，因为之备。……，事异则备变"。他以守株待兔的故事，告诫治理国家者不可是"守株之类也"。这是一切管理者都应引以为戒的。

（7）对策。我国有一句名言："运筹策帷帐之中，决胜于千里之外。"（《史记·高祖本纪》）说明在治军、治国、治生等一切竞争和对抗的活动中，都必须统筹谋划，正确研究对策，以智取胜。研究对策有两个要点：一是预测，二是运筹。有备无患，预则成，不预则废。《孙子》认为："知己知彼，百战不殆；不知彼而知己，一胜一负；不知彼，不知己，每战必殆。"《管子》主张"以备待时"，"事无备则废"（《管子·霸言》）。治国必须有预见性，备患于无形，"唯有道者能备患于无形也"（《管子·牧民》）。范蠡认为经商要有预见性，经商和打仗一样，"知斗则修备"，要善于"时断"和"智断"，比如要预测年景变化的规律，推知粮食供求变化趋势，及时决断收购和发售。他提出"旱则资舟，水则资车"的"待乏"原则。要观察市场物价变动，按"贵上极则反贱，贱下极则反贵"的规律，采取"贵出如粪土"，"贱取如珠玉"的购销决策（《史记·货殖列传》）。

（8）节俭。我国理财和治生，历来提倡开源节流，崇俭拙奢，勤俭建国，勤俭持家。节用思想源于孔子和墨子，孔子主张"节用而爱人，使民以时"（《论语·述而》）。墨子说："其财用节，其自养俭，民富国治。"（《墨子·节用上》）荀子说："臣下职，莫游食，务本节用财无极，"（《荀子·成相》）"强本（生产）而节用，则天不能贫，……本荒而用侈，则天不能使之富。"（《荀子·天论》）纵观历史，凡国用有度，为政清廉，不伤财害民，则会国泰民安。这是中国国家管理历史提供的一条真理。在治生方面，节俭则是企业家致富的要素。近代中国的企业家也多有勤俭治厂的经验，创办南通大生纱厂的张謇在办厂时去上海联系业务，曾在街头卖字以解决盘缠所需，节约经费。在他的带动下，全厂上下力求节俭。张謇说："通厂之利，人皆知为地势使然，然开办之初始竭蹶艰维，而上下同心力求撙节，其开办之省亦中外各厂所无。"

（9）法治。我国的法治思想起源于先秦法家和《管子》，后来逐渐演变成一整套法制体系，包括田土法制，财税法制，军事法制，人才法制，行政管理法制，市场法制等等。韩非在论证法治优于人治时，举传说中舜的例子，舜事必躬亲，亲自解决民间的田界纠纷和捕鱼纠纷，花了三年时间纠正三个错误。韩非说这个办法不可取，"舜有尽，寿有尽，天下过无已者。以有尽逐无已，所止者寡矣"。如果制定法规公之于众，违者以法纠正，治理国家就方便了。他还主张法应有公开性和平等性，即实行"明法"、"一法"原则。"明法"，就是"著之于版图，布之于百姓，"使全国皆知。"一法"，即人人都得守法，在法律面前人人平等，"刑过不避大臣，赏善不遗匹夫，"各级政府官员不能游离法外，"能去私曲就公法者，民安而国治。"

4.4.2　修为篇

修养，指人的综合素质。它包括以下几方面含义：

（1）指道家的修炼养性。

求取学识品德之充实完美。古代儒家多指按照其学说的要求培养完善的人格，使言行合乎规矩。

（2）指正确的待人处世的态度。

（3）指思想、理论、知识、艺术等方面所达到的水平。

（4）学习，仿效。

（5）休息调养。元曾瑞《哨遍·村居》套曲："除去浮花，修养残躯，安排暮景。"鲁迅《书信集·致沉雁冰》："现已交秋，或者只我独去旅行一下，亦未可知。但成绩恐亦未必佳，因为无思无虑之修养法，我实不知道也。"

4.4.3　策略篇

策略，指计策；谋略。一般是指：可以实现目标的方案集合；根据形势发展而制定的行动方针和斗争方法；有斗争艺术，能注意方式方法。引证释意为：

一是谋略；计谋。三国魏刘劭《人物志·接识》："术谋之人以思谟为度，故能成策署之奇，而不识遵法之良。"唐杜甫《送灵州李判官》诗："将军专策署，幕府盛才良。"明陈汝元《金莲记·射策》："诸生有何策署，就此披宣。"清孙枝蔚《赠安肃梁明府木天》诗："怀古诗篇进，忧时策署新。"

二是根据形势发展而制定的行动方针和斗争方法。有斗争艺术，能注意方式方法。如：你做这件事时要注意策略些。引申为在作当前决策时即将未来的决策考虑在内的一种计划。

三是策略是在一个大的"过程"中进行的一系列行动、思考、选择。为了实现某一个目标，首先预先根据可能出现的问题制定的若干对应的方案，在实现目标的过程中，根据形势的发展和变化来制定出新的方案，或者根据形势的发展和变化来选择相应的方案，最终实现目标。

四是针对工程项目管理范畴。策略包括甚广，如市场拓展策略、投标报价策略、合同谈判策略、工程策划策略、工程实施策略、工程索赔策略、人才培育策略、资源整合策略、合作共赢策略、可持续发展策略等等，皆为项目经理运作工程项目之道。

4.5　项目经理六大思维方法

4.5.1　辩证思维

在信息化全球化的今天，世界已经成为地球村，国内外各种矛盾相互交织，新问题层出不穷，如果孤立、静止、片面地看问题，一定寸步难行。

首先要坚持一分为二地看问题。在"一分为二"的基础上扬长避短、化危为机，发掘本地区、本单位的比较优势。

其次要抓主要矛盾和矛盾的主要方面。当前我国改革开放正处于深水区和攻坚期，问题错综复杂、矛盾空前尖锐，关键是要找准重点、抓住关键，在关键点和症结点上出实招、出妙招，多打歼灭战、少打运动战、不打游击战。

再次要科学把握事物之间的联系。谋发展、定战略、做决策都要具有开放的胸怀和宽广的世界眼光，在科学把握本地区、本部门、本单位与世界的联系、与其他地区的联系中谋划发展，在深刻理解各个行业、各种要素间联系的基础上制定产业发展战略。

最后要坚持用发展的眼光看问题。所谓发展是对历史的继承和给未来奠定基础，要在继承与创造的有机统一中谋划发展，多添砖加瓦而少另起炉灶。要多干打基础、管长远的事，不做涸泽而渔、焚林而猎的事，不能让自己的政绩变成后任的包袱。

4.5.2　系统思维

改革开放是个系统工程，必须坚持全面改革，在各项改革协同配合中推进。全面深化改革是一项复杂的系统工程，需要加强顶层设计和整体谋划，加强各项改革关联性、系统性、可行性研究。科技越发达、交往越密切，社会的关联度和系统性就越强。系统具有鲜明的整体性、关联性、层次结构性、动态平衡性、开放性和时序性特征。

首先，要有全局意识、协同意识，要注重改革措施整体效果，聚合各项改革协调推进的正能量。

其次，抓工作要注意区分层次、分类指导。既要有顶层设计和总体目标，也要有具体的任务分解，做到"立治有体、施治有序"，避免零敲碎打、碎片化修补。

再次，推进工作，要把握好力度与节奏，既要有雷厉风行的作风，也要有闲庭信步的定力。应加强不同时期改革的配套和衔接，防止畸重畸轻、单兵突进、顾此失彼。

4.5.3　战略思维

战略思维能力强弱，取决于思考问题的高度、理论研究的深度、知识视野的广度和观察世界的时间跨度。

首先要有大局意识，树立正确的政绩观和价值观。个人的格局大，是因为关注的问题大，心中时刻装着全局和长远，才能登高望远。应多思考改革发展的大问题，少琢磨个人的功名利禄；要有以身托天下的担当，将个人的荣辱排除在事业的成败之外。那些整天蝇营狗苟、只顾个人升迁的官员，鲜有能制定出地方长远发展科学战略的。

其次要有机遇意识。要善于判断和区分长程因素与短程因素，在长程因素决定的发展趋势与短程因素的干扰中找到平衡点，在机遇窗口开启时牢牢把握住机遇。在机遇出现之前，要自强不息、艰苦探索、超前谋划，让工作富有前瞻性和预见性，为将来升级发展做准备。

再次要找到并点亮未来点。找出影响全局发展的主要因素、关键变量和薄弱环节，据此确定战略布局、主攻方向和工作的着力点，确保战略方案能够落地。在战略制定阶段，应该充分运用管理科学的战略分析方法，力求战略方案科学可行，避免拍脑袋决策、拍胸脯保证。

最后要加强战略管控。既有明确的战略目标、战略重点、优先顺序、主攻方向、工作机制、推进方式和时间表，又要善于根据内外环境变化及时调整战略方案。

4.5.4　法治思维

法律是对社会行为的基本约束，也是治理国家的基本方式，古代明君贤臣无不儒法并用、德法并施以开创盛世。"依法治国是党领导人民治理国家的基本方略，法治是治国理政的基本方式，要更加注重发挥法治在国家治理和社会管理中的重要作用，全面推进依法治国，加快建设社会主义法治国家。""各级党组织和党员领导干部要带头厉行法治，不断提高依法执政能力和水平，不断推进各项治国理政活动的制度化、法律化。"法治思维说到底是将法律作为判断是非和处理事务的准绳，它要求崇尚法治、尊重法律，善于运用法律手段解决问题和推进工作。

首先要坚持依法行政。无论是决策、执行，还是解决矛盾、推动发展、深化改革，都要不断审视行政行为的目的、权限、内容、手段、程序是否合法，自觉做到"有法可依、有法必依、执法必严、违法必究"。应该大力推进权力清单制定工作，将权力关进制度的笼子里，保证权力在阳光下运行。

其次要自觉守法、坚决护法，维护法律和制度的严肃性，维护他人和组织的合法权利。任何人不能搞权大于法、以言代法、选择性执法。尤其是在关涉自身利益时，要做到自律自省、遵章守纪，不搞特权、不搞潜规则。

再次要大力支持深化司法体制改革，维护社会公平正义。司法腐败是危害最大的腐败，是压垮政府公信力的最后一根稻草，要坚决抵御和打击司法腐败，加快司法体制改革，提高司法公信力，让法律真正成为维护社会公平正义的最后一道防线，让全社会充分相信法律、依赖法律。

最后要带头学法，有效普法，大力弘扬社会主义法治精神，以实际行动引导全社会自觉依法维护权益，又自觉履行法定义务。

4.5.5 底线思维

"君子以思患而豫防之"，有备才能无患，"要善于运用底线思维的方法，凡事从坏处准备，努力争取最好的结果，做到有备无患、遇事不慌，牢牢把握主动权。""坚持底线思维，切实做好工作"。底线是不可逾越的警戒线、是事物质变的临界点。古人讲"君子安而不忘危，存而不忘亡，治而不忘乱，是以身安而国家可保也"，说的就是这个意思。在项目管理进程中如何管控风险、守住底线，是决定各项工作成败的前提。

首先要有原则意识。无论干什么工作，都要明确基本原则、基本方向和基本目标，不能脚踩西瓜皮，滑到哪里算哪里。

其次要有短板意识。木桶的容量取决于最短的那块木板，要正确处理好亮点、成绩与安全阀、稳压器和保险杠的关系，防止一着不慎而导致满盘皆输。有的地方急于上项目搞开发，忽视生态环境的容纳能力，没有考虑社会民生的承受能力，激化社会矛盾，甚至引发群体性事件，导致所有努力付诸东流。

再次要有边界意识。对法纪制度要时刻怀有敬畏之心，做到不越边界、不踩红线、不碰高压线，这样才能少走"弯路"、不入"歧途"。

最后要有小节意识。道德修养、生活情趣上要注意小节，做到防微杜渐，时刻自厉自省，勿以恶小而为之，勿以善小而不为。客观地看，那些贪腐官员也并非天生如此，他们中不少人也曾以清正廉洁、爱党敬业要求自己，有的还取得过不少成绩、做出过不小贡献，但是他们往往是在成绩和贡献面前骄傲自满、放松警惕，最后倒在糖衣炮弹面前，成为酒色财气的牺牲品。

4.5.6　精准思维

精准思维是一种非常务实的思维方式，它强调具体和准确，要求动作精准到位、在一个个具体的点上解决问题，排斥大而化之、笼而统之地抓工作。现实矛盾都是由一系列具体问题累积起来的，化解矛盾、推进工作必须养成精准思维，从一个个具体问题入手，积小胜为大胜。只会"高屋建瓴"地提原则性的要求和空洞的口号，不仅什么问题也不能解决，而且还败坏了实事求是、求真务实的优良党风。项目经理培育和运用精准思维。

首先要有强烈的问题意识。"要有强烈的问题意识，以重大问题为导向，抓住重大问题、关键问题进一步研究思考，找出答案，着力推动解决我国发展面临的一系列突出矛盾和问题。"无论是做决策、定方案，还是抓落实，都要紧紧抓住核心问题和关键问题不放，在问题的症结点和关键点上做文章、出实招。

其次要有实操意识。无论是谋划发展、制定战略，还是提出建议、指导工作，都要从实际情况出发、从可行性出发，不能照搬照抄别人的成功经验，或者套用几个"大概念"忽悠人，更不能把不着边际的天方夜谭当作宏伟蓝图来推进。

再次要有强烈的到位意识。0.99 的 1000 次方接近于 0，每一个工作环节都差那么一点点，最终的结果会谬以千里。当前许多工作都是因为管理不到位、操作不标准，造成质量不高、效率低下，甚至酿成严重事故，危害人民生命财产。精准思维要求必须摒弃原来那种"不拘小节"的思维陋习，在每一个细节处严格标准、严格程序，认认真真把工作做细做实做到位。

最后要深入调查研究。办法措施的精准程度取决于对实际情况的掌握深度，没有调查不仅没有发言权，更没有决策权。制定改革的思路和举措，刻舟求剑、闭门造车都不行。提高精准思维能力的前提是要深入调查研究，摸清情况，把握规律。

4.6　项目经理须知的 100 项管理法则

管理学家西蒙指出："管理就是决策。"决策是企业管理的核心，它关系到企业的兴衰荣辱、生死存亡，领导者科学理性的决策等于成功了一半。管理理论是一门实践性较强的学科，它指导着企业具体的实践行为，然而现实中很多职业经理人管理理论知识的掌握与运用实在是不敢恭维，管理定律的生搬硬套更是东施效颦，令人贻笑大方，啼笑皆非。职业经理人管理理论的活学活用，灵活发挥，做到学以致用，知行统一是理论与实践相结合的意识形态的基础，职业经理人必须在管理理论的指导下，科学认知管理角色与管理范畴，并在不同环境的适时转变，发散思维，才能有效地规避管理理论与管理实践的脱节问题，才能用科学的管理理论指导企业管理的实践活动，才能不断提高在管理中的实践能力。管理法则十大方面如图 4-42 所示。

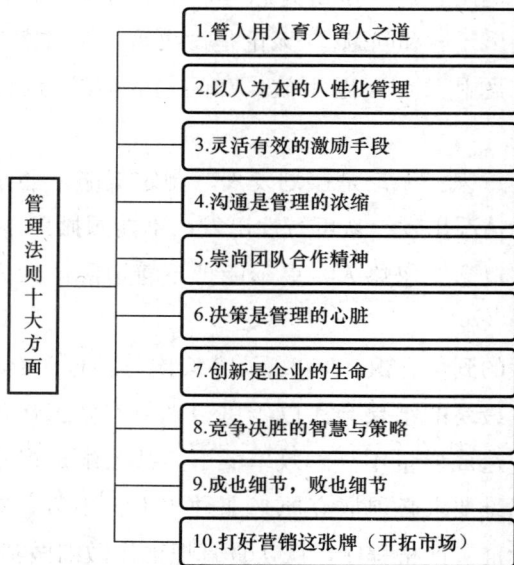

图 4-42　管理法则十大方面

1. 管人用人育人留人之道

企业的竞争，归根结底是人才的竞争。人才是企业的生命所在，如何管好人才、用好人才、培养和留住人才，则成为企业在激烈的竞争中成长发展的关键	（1）奥格尔维定律：善用比我们自己更优秀的人
	（2）光环效应：全面正确地认识人才
	（3）不值得定律：让员工选择自己喜欢做的工作
	（4）蘑菇管理定律：尊重人才的成长规律
	（5）贝尔效应：为有才干的下属创造脱颖而出的机会
	（6）酒与污水定律：及时清除烂苹果
	（7）首因效应：避免凭印象用人
	（8）格雷欣法则：避免一般人才驱逐优秀人才
	（9）雷尼尔效应：以亲和的文化氛围吸引和留住人才
	（10）适才适所法则：将恰当的人放在最恰当的位置上
	（11）特雷默定律：企业里没有无用的人才
	（12）乔布斯法则：网罗一流人才
	（13）大荣法则：企业生存的最大课题就是培养人才
	（14）海潮效应：以待遇吸引人，以感情凝聚人，以事业激励人

2. 以人为本的人性化管理

古语云：得人心者得天下！在企业管理中多点人情味，有助于赢得员工对企业的认同感和忠诚度。只有真正俘获了员工心灵的企业，才能在竞争中无往而不胜	（15）南风法则：真诚温暖员工
	（16）同仁法则：把员工当合伙人
	（17）互惠关系定律：爱你的员工，他会百倍地爱你的企业
	（18）蓝斯登定律：给员工快乐的工作环境
	（19）柔性管理法则："以人为中心"的人性化管理
	（20）坎特法则：管理从尊重开始
	（21）波特定律：不要总盯着下属的错误
	（22）刺猬法则：与员工保持"适度距离"
	（23）热炉法则：规章制度面前人人平等
	（24）金鱼缸效应：增加管理的透明度

3. 灵活有效的激励手段

有效的激励会点燃员工的激情，促使他们的工作动机更加强烈，让他们产生超越自我和他人的欲望，并将潜在的巨大的内驱力释放出来，为企业的远景目标奉献自己的热情

（25）鲶鱼效应：激活员工队伍

（26）马蝇效应：激起员工的竞争意识

（27）罗森塔尔效应：满怀期望的激励

（28）彼得原理：晋升是最糟糕的激励措施

（29）保龄球效应：赞赏与批评的差异

（30）末位淘汰法则：通过竞争淘汰来发挥人的极限能力

（31）默菲定律：从错误中汲取经验教训

（32）垃圾桶理论：有效解决员工办事拖沓作风

（33）比马龙效应：如何在"加压"中实现激励

（34）横山法则：激励员工自发地工作

（35）肥皂水的效应：将批评夹在赞美中

（36）威尔逊法则：身教重于言教

（37）麦克莱兰定律：让员工有参加决策的权力

（38）蓝柏格定理：为员工制造必要的危机感

（39）赫勒法则：有效监督，调动员工的积极性

（40）激励倍增法则：利用赞美激励员工

（41）倒金字塔管理法则：赋予员工权利

（42）古狄逊定理：不做一个被累坏的主管

4. 沟通是管理的浓缩

松下幸之助有句名言："企业管理过去是沟通，现在是沟通，未来还是沟通。"管理者的真正工作就是沟通。不管到了什么时候，企业管理都离不开沟通

（43）霍桑效应：让员工将自己心中的不满发泄出来

（44）杰亨利法则：运用坦率真诚的沟通方式

（45）沟通的位差效应：平等交流是企业有效沟通的保证

（46）威尔德定理：有效的沟通始于倾听

（47）踢猫效应：不对下属发泄自己的不满

（48）雷鲍夫法则：认识自己和尊重他人

（49）特里法则：坦率地承认自己的错误

5. 崇尚团队合作精神

比尔·盖茨说："团队合作是企业成功的保证，不重视团队合作的企业是无法取得成功的。"建设一支有凝聚力的团队，已是现代企业生存发展的一个基本条件

（50）华盛顿合作定律：团队合作不是人力的简单相加

（51）木桶定律：注重团队中的薄弱环节

（52）苛希纳定律：确定最佳管理人数

（53）凝聚效应：凝聚力越大，企业越有活力

（54）懒蚂蚁效应：懒于杂物，才能勤于动脑

（55）蚁群效应：减掉工作流程中的多余

（56）飞轮效应：成功离不开坚持不懈的努力

（57）米格—25效应：整体能力大于个体能力之和

6. 决策是管理的心脏

管理学家西蒙指出："管理就是决策。"决策是企业管理的核心，它关系到企业的兴衰荣辱、生死存亡。可以说，领导者科学理性的决策等于成功了一半

（58）儒佛尔定律：有效预测是英明决策的前提

（59）吉德林法则：认识到问题就等于解决了一半

（60）手表定律：别让员工无所适从

（61）皮尔斯定律：完善培养接班人制度

（62）羊群效应：提升自己的判断力，不盲目跟风

（63）自来水哲学：大批量才能生产出廉价产品

（64）松下水坝经营法则：储存资金，以应付不时之需

（65）巴菲特定律：到竞争对手少的地方去投资

（66）吉格勒定理：设定高目标等于达到了目标的一部分

（67）卡贝定律：放弃有时比争取更有意义

（68）布利丹效应：成功始于果敢的决策

（69）普希尔定律：再好的决策也经不起拖延

（70）沃尔森法则：把信息和情报放在第一位

（71）哈默定律：天下没有坏买卖

（72）隧道视野效应：不能缺乏远见和洞察力

（73）青蛙法则：时刻保持危机意识

（74）坠机理论：依赖"英雄"不如依赖机制

（75）奥卡姆剃刀定律：不要把事情人为地复杂化

（76）帕金森定律：从自己身上找问题

7. 创新是企业的生命

创新是企业发展动力的内核，是市场竞争的必然结果。企业只有创新才可以打破常规，突破传统；只有不断创新，才能在激励的竞争中永远立于不败之地

（77）达维多定律：不断创造新产品，同时淘汰老产品

（78）路径依赖：跳出思维定势

（79）跳蚤效应：管理者不要自我设限

（80）比伦定律：失败也是一种机会

8. 竞争决胜的智慧与策略

21世纪是一个充满竞争的时代，企业生存的最大武器就是竞争。在这场较量中，对竞争方法、竞争策略以及竞争手段的管理，将成为企业决定胜败的关键因素

（81）犬獒效应：让企业在竞争中生存

（82）零和游戏原理：在竞争与合作中达到双赢

（83）快鱼法则：速度决定竞争成败

（84）马太效应：只有第一，没有第二

（85）生态位法则：寻求差异竞争，实现错位经营

（86）猴子—大象法则：以小胜大，以弱胜强

9. 成也细节，败也细节

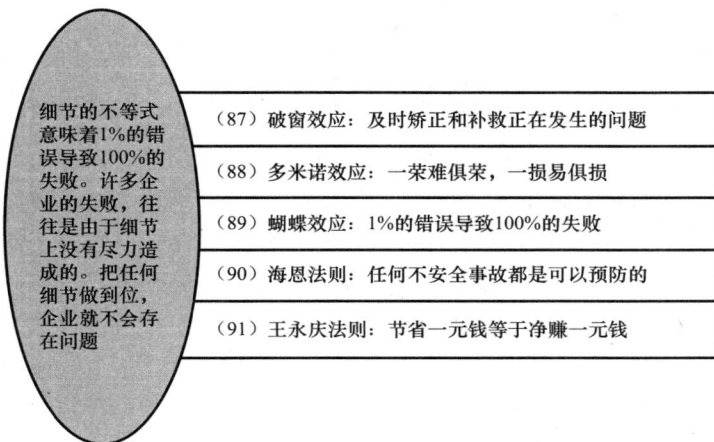

细节的不等式意味着1%的错误导致100%的失败。许多企业的失败，往往是由于细节上没有尽力造成的。把任何细节做到位，企业就不会存在问题

- （87）破窗效应：及时矫正和补救正在发生的问题
- （88）多米诺效应：一荣难俱荣，一损易俱损
- （89）蝴蝶效应：1%的错误导致100%的失败
- （90）海恩法则：任何不安全事故都是可以预防的
- （91）王永庆法则：节省一元钱等于净赚一元钱

10. 打好营销这张牌（开拓市场）

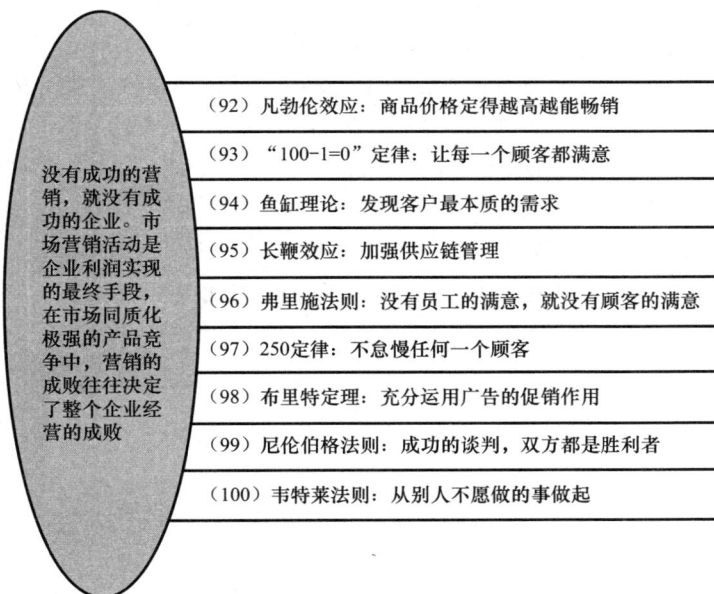

没有成功的营销，就没有成功的企业。市场营销活动是企业利润实现的最终手段，在市场同质化极强的产品竞争中，营销的成败往往决定了整个企业经营的成败

- （92）凡勃伦效应：商品价格定得越高越能畅销
- （93）"100-1=0"定律：让每一个顾客都满意
- （94）鱼缸理论：发现客户最本质的需求
- （95）长鞭效应：加强供应链管理
- （96）弗里施法则：没有员工的满意，就没有顾客的满意
- （97）250定律：不怠慢任何一个顾客
- （98）布里特定理：充分运用广告的促销作用
- （99）尼伦伯格法则：成功的谈判，双方都是胜利者
- （100）韦特莱法则：从别人不愿做的事做起

主 要 参 考 文 献

[1] 杨俊杰. 项目经理 50 切忌. 建造师 [M] 2013.

[2] 杨俊杰等. 南方电网南方电网双调工程项目经理测评咨询项目建议书 [Z]. 2011.

[3] 李嘉菲等. 略论大型工程承包项目的管理.

[4] 杨俊杰, 等. 业主方工程项目管理模板手册 [M]. 北京: 中国建筑工业出版社, 2011.

[5] 项目经理六大思维方法 [N]. 学习时报, 2014, 9.

[6] 国际工程项目经理应具备的素质及注意事项 [OL]. 建设工程教育网, 2011-10-25.

[7] 杨俊杰, 王力尚, 余时立 [OL]. EPC 工程总承包项目管理模板及操作手册 [M]. 北京: 中国建筑工业出版社, 2014.

[8] 工程项目经理工作流程图. 百度网, 2014.

[9] 能力素质模型概述 [Z]. 哈佛商学院出版社资料, 1994.

[10] 全国建筑企业职业经理人培训教材编写委员会全国建筑企业职业经理人培训教材 (试用) [M]. 北京: 中国建筑工业出版社, 2006.

[11] 优秀的项目经理应具的能素 (参考原文: http://www.xzbu.com/8/view-3162680.htm 编著者修订补充).

[12] 白思俊. IPMP 认证指南 [M]. 北京: 机械工业出版社, 2010.

[13] 白思俊, 等. 系统工程 [M]. 北京: 电子工业工业出版社, 2006.